ゼロから学ぶ
Git/GitHub

現代的なソフトウェア開発のために

渡辺宙志 ● 著

JN047364

講談社

はじめに

　本書の目的は、Git の操作、そして GitHub を用いた多人数開発を経験することで、「現代的なソフトウェア開発とはどのようなものか」を体験してもらうことである。Git について学ぶ前にぜひ伝えておきたいことがある。それは、**Git の学習は簡単ではない**、ということだ。Git には多くのコマンドがあり、それぞれが多くのオプションを持っている。トラブルを起こした場合、ある程度の知識がないと対処が難しい。Git は使い方に自由度が高く、人や組織によって流儀が大きく異なる。「Git は難しい」とまでは言わないが、「Git は簡単だ」と思って学ぼうとすると挫折する可能性が高い。ある程度じっくりと腰を据えて、用語や仕組み、裏でどのようなことをやっているかを学んでほしい。慣れてしまえば手放せないツールとなることだろう。

　本書では Git や GitHub の操作方法を学ぶことになるが、ツールの利用法の習得そのものを目的としていない。Git はバージョン管理システムと呼ばれるツールの一種であり、この種のツールとしては比較的新しい部類に入る。筆者が初めて使ったバージョン管理システムは CVS（Concurrent Versions System）だった。次に、Subversion を使うようになった。Subversion は 2000 年に登場したツールで、CVS の問題点の多くを改善したものだ。Subversion は広く使われていたが、2005 年の登場から Git が急速に普及し、現在ではバージョン管理システムのデファクトスタンダードと呼べる存在となっている。今後も Git は使われるであろうが、この業界の未来を予測することは非常に難しい。また新たなツールが登場し、シェアが塗り替えられるかもしれない。その際、「自分が Git を習得済みだから」といって、新しいツールを敬遠したり否定したりすることのないようにしてほしい。

　本書では Git や GitHub の使い方を学ぶが、それは就職／転職活動の際に「Git/GitHub を使ったことがあります」と言えるようにするためではない。それより「なぜバージョン管理システムが生まれたのか」「どのような思想で設計され、どう使われることが想定されているのか」といった、より根源的な思想を学んでほしい。「ハンマーを持つ人にはすべてが釘に見える」という言葉がある。1 つのスキルを身につけると、人はそれを使うことに固執しがちである。Git を学んだからといってなんでも Git を使うのではなく、「この目的にはどんなツールを使うのがよいのだろう？」「Git はこうなっているが、別のツールではどうなっているんだろう？」といった俯瞰的な視点を持ち、千変万化する世界に柔軟に対応できる「下地」を作ってほしい。

本書の記述について

● ディレクトリとフォルダ

　ファイルなどをまとめた構造をディレクトリもしくはフォルダと呼ぶが、本書ではディレクトリに統一する。また、本書での説明は作業ディレクトリが ~/github-book であることを前提とするが、適宜別のディレクトリを利用してかまわない。

● エディタ

　本書では、エディタとして Visual Studio Code（以後、VS Code と表記する）を前提とする。し

かし、ターミナルからエディタを利用する場面では Vim を用いる。

● **ターミナル**

本書では Git をコマンドラインから使うソフトウェアとして、Windows では Git Bash、Mac や Linux ではターミナルを想定するが、すべて**ターミナル（terminal）**と呼ぶ。

ターミナルに入力するコマンドを表記する場合、プロンプトを $ で表現する。プロンプトを表示しない場合、それはそのままコマンドを実行することを意味する。例えば、

```
cat README.md
```

とあった場合は、「ターミナルに cat README.md と入力し、最後にエンターキーを入力せよ」という意味である。また、

```
cd
mkdir github-book
cd github-book
```

と複数行が記載されていた場合は、上から順番に表示されたコマンドを入力してはエンターキーを入力することを繰り返す。

プロンプト $ が表示されている場合、$ のあとに表示されているコマンドを入力し、$ がない行は、そのコマンドの実行結果を意味する。例えば、以下のような表示を考える。

```
$ cat README.md
Hello Git!
```

このケースでは「ターミナルに cat README.md と入力し、最後にエンターキーを入力せよ」という意味であり、そのコマンドの実行結果として Hello Git! が表示された、ということを意味する。冒頭の $ や Hello Git! を入力する必要はない。

ターミナル以外、例えばエディタやブラウザに入力するテキストについては背景色を変える。例えばエディタから入力する内容については、以下のように表示する。

```
# Test

Hello Git!
```

謝辞

　本書の執筆にあたり、多くの方の助けがあった。本書は、慶應義塾大学理工学部物理情報工学科の「物理情報工学ソフトウェア開発演習」という講義の講義ノートを元に執筆された。この講義の開講を提案したとき、学科の皆さんには快く許可していただいた。講義のティーチングアシスタントを担当した学生さんたちには多くのアドバイスを頂いた。また、講談社サイエンティフィクの秋元将吾氏には、本書の担当編集として、企画から編集までお世話になった。皆さんに感謝したい。

目次

第1章 バージョン管理システムとは

本章で学ぶこと

　バージョン管理システムとは、その名の通りファイルのバージョンを管理するためのツールである。いつ、誰が、どこを修正したかの履歴を記録し、必要とあれば古いバージョンを参照することで、その差分をチェックできる。また、複数人が同じファイルを同時に編集してしまった場合に、その両方の変更を取り込むよう支援する。現代の開発において、バージョン管理システムを使わないソフトウェア開発は考えられない。本書では、バージョン管理システムとはなにか、なぜ必要かについて学ぶ。

1.1　バージョン管理の必要性

　例えば、卒業論文を書くとする。一度書いたら終わりではなく、先生に見せて、真っ赤にされて返ってきて、さらに修正して、ということを繰り返すであろう。また、企業が何かウェブサービスを開発したとき、使っているうちに機能を追加したくなったり、見つけたバグを修正したくなったりするであろう。明示的に気にしていなくても、何かを修正、保存するたびに、そのドキュメントやプログラムの「バージョン」は上がっていくことになる。そのドキュメントやプログラムを複数人で修正したり、一人でも複数の場所で開発していたりすると、「バージョン」の管理が難しくなる。例えば家と大学で論文を修正していたとき、先生にチェックをお願いしたあと、朱入れされて返ってきたものを見て、古いほうを渡したことに気がついて気まずい思いをしたり、なんてことがあり得る（実話）。

　また、手元のPCで開発していたコードをスパコンに持って行ってそこで動くように修正し、スパコンで実行中に手元のコードを修正して、またスパコンに持って行ったら、スパコン上で行った修正を上書きしてしまった、なんてことも起きる（実話）。さらに、多人数で同じものを開発していると、誰がどこを修正したかがわかりにくくなる。例えば、複数の人が1つのWordファイルを回り持ちで修正し、「仕様書__佐藤修正__吉本追記.docx」というファイルと「仕様書__最終版__田中追記.docx」のどちらが最新版かわからなくなる、といったことが起きる。こういった悲（喜）劇を防ぐのが**バージョン管理システム（Version Control System, VCS）**である。プログラム開発を伴う部署は、どのツールを使うかはともかく、少なくともなんらかのバージョン管理システムを採用しているものと思われる。もし何かの間違いで、コードを開発しているのにバージョン管理システムを使っていない会

社に入社してしまったら、すぐに逃げてほしい。その会社は効率の悪さを開発時間でカバーしており、あなたの時間を搾取している可能性が高い。

1.2 バージョン管理システムの歴史

　簡単にバージョン管理システムの歴史を見てみよう。世界初のバージョン管理システムは Source Code Control System（SCCS）であり、1972 年、IBM の System/370 向けに開発され、のちに PDP-11 上へと移植された。次いで、1982 年に Revision Control System（RCS）というシステムが開発された。RCS はファイル単位でバージョンを管理し、プロジェクトという概念もなかった。また、ファイルを修正する際にロックをかけるのが特徴で、誰かが作業している場合、他の人は作業できなかった。

　ここまでのシステムはローカルに管理用のディレクトリを置いてバージョン履歴をそこに保存する形式（ローカル型）であったが、1986 年に作られた Concurrent Versions System（CVS）から、クライアント・サーバ型となった。CVS サーバはプロジェクトの全履歴を保存しており、クライアントはサーバに接続して任意のバージョンを取り出すことができ、修正したらサーバにその変更を保存できる。CVS は、ネットワーク越しに RCS を使うフロントエンドとして構築されており、キーワード展開やコマンド名など多くの機能が RCS に由来している。CVS は長い間、バージョン管理システムのデファクトスタンダードとして広く使われていたが、ファイル名を変更すると履歴が失われてしまったり、バージョン管理がファイルごとであるために「全体をこの日のバージョンに戻したい」といった操作が面倒であるなど、不満も多かった。

　それらの不便を解消し、CVS の置き換えを目指して作られたのが Subversion である。Subversion はバージョンがプロジェクト（リポジトリ）単位であり、プロジェクトに含まれるファイルを 1 つでも更新すると、全体のバージョンが上がる。したがって、「この日のバージョンが欲しい」といったことが容易にできる。また、ファイル名の変更をサポートしており、ファイル名を変えても履歴が失われないなど、CVS の不満の多くが解消されている。さらに、履歴を差分で保存するため、長い間開発していてもファイル容量を圧迫しづらいように工夫されていた。Subversion はその目的どおりに CVS を置き換え、最も使われるバージョン管理システムとなった。Subversion に代表される中央集権クライアント-サーバ型のバージョン管理システムは、すべての歴史を持つデータが一か所に保存されているのが特徴であり、これは利点でもあるが、弱点でもあった。大事なデータベースが一か所にまとまっているというのは管理が楽になる一方、そこで障害が発生するとすべての作業が停止してしまい、そのデータが失われてしまうとすべての歴史が失われてしまう、という問題があった。

　そこで、分散型のバージョン管理システムが生まれた。分散型は、それぞれローカルにすべての履歴を持ち、ローカルに変更を保存できる。そして、必要に応じて別のマシンと同期をとることで変更履歴を共有する。分散型バージョン管理システムの最初期のものは BitKeeper であろう。これは商用ソフトウェアであったが、オープンソースソフトウェアの開発にはコミュニティ版を無料で使うことができた。特に、大量のパッチを処理する必要がある Linux カーネルの開発に使われたこ

とで有名となった。しかしその後、BitKeeper の開発元である BitMover 社と Linux カーネル開発者がトラブルを起こし、BitKeeper が使えなくなってしまった。こうして別のシステムが必要となり、**Git** や Mercurial といったオープンソースのシステムバージョン管理システムが生まれた。オープンソースの分散型のバージョン管理システムとしては他にも GNU Arch や Monotone などがあり、最初のリリースは Git や Mercurial よりも早かったが、広く使われることはなかった。Eclipse community の 2009 年のアンケートでは Subversion の使用率が 57.5% でトップ、次いで CVS が 20% で 2 位であり、Git の使用率は 2.4% に過ぎなかった。しかし、2011 年に 12.8%、2012 年に 23.2% と急増し、2014 年には 33.3% となって、同年 30.7% だった Subversion を抜いて 1 位となっている[1]。2015 年に行われた StackOverflow というサイトのアンケートでは、バージョン管理システムとして最も使われているのが Git で 69.3%、次いで Subversion が 36.9% であった[2]。しかし、2018 年には Git が 87.2% でトップ、Subverion が 16.1% で 2 位と、Git の一人勝ち状態になった[3]。以上のように Git は 2010 年頃から急速にシェアを伸ばし、2015 年頃には Subversion を抜いて一番使われるシステムになったようだ。

ローカル型　SCCS, RCS など　　クライアント・サーバ型　CVS, Subversion など　　分散型　Mercurial, Git など

図 1.1　バージョン管理システムの歴史

　以上のように、バージョン管理システムはローカル型（SCCS, RCS）からネットワーク越しに使える中央集権クライアント・サーバ型（CVS, Subversion）へ、そして各クライアントが情報を持つ分散型（BitKeeper, Mercurial, Git）へと進化していった（図 1.1）。バージョン管理システムができてから三十余年、おおむね 5 年から 10 年程度で世代交代が起きている。いまは Git が広く使われているが、今後どうなるかはわからない。新たなツールが普及したときに、そのメリットとデメリットを見定め、必要とあれば乗り換える柔軟性が必要だ。

---

[1]　https://www.slideshare.net/IanSkerrett/eclipse-community-survey-2014
[2]　https://insights.stackoverflow.com/survey/2015
[3]　https://insights.stackoverflow.com/survey/2018

1.3　できる人、できない人

　どの分野でも見られることだと思うが、特にプログラミングにおいては「できる人」と「できない人」の差が激しく、生産性が 10 倍、100 倍と桁で違うことも珍しくない。ここで「生産性」という言葉を使ったが、プログラミングにおける生産性を定量的に定義することは難しい。プログラムの生産性は、例えば（よくダメな組織で行われているように）一日に入力したプログラムの総行数で測ることはできない。プログラムが「できる人」は、別にキー入力が速いわけではない。また、プログラムに必要な知識がすべて頭に入っているわけでもなく、よく構文を忘れて検索していたりする。では、「できる人」と「できない人」ではどこで一番差が出るか。個人的な意見だが、それはデバッグにかける時間だと思われる。デバッグとは、プログラムに入ったバグを取り除く作業だ。バグとは、プログラムが意図しない動作をする原因のことである。「できない人」は、作業時間のほとんどを、このデバッグに費やしている。一方、「できる人」は、作業時間のほとんどを純粋な開発に使っている。開発しているコードが大きくなればなるほど、開発期間が長くなるほどその差は開き、同じバグに直面しても「できる人」が短時間で対処するのに、「できない人」はそのデバッグだけで一日が終わってしまった、といったことが起きる。具体的な例を見てみよう（図 1.2）。

図 1.2　作業時間とデバッグ時間

　あなたがコードを書いていて、何かバグを見つけてしまったとする。業務で使う重要な値を計算するルーチンであり、そこが間違っていれば他のすべての出力結果は信頼できず、修正するまでは他のすべての作業がストップしてしまう。デバッグの開始である。あなたはコードを最初から最後まで詳細に調べ、どこで間違っているかを考える。一度見ただけでは問題が見つからず、何度も読み返す。最近、どんな変更をしたかを思い返し、そこを元に戻してみるが、まだおかしい。そのうち、修正していなかったところを変な風に直してしまい、だんだん収拾がつかなくなる。そうしてずっとコードの中をさまよった結果、ついにバグの原因を発見。コードへ機能追加する際に if 文を追加したのだが、その条件漏れだった。外を見ると夜が白み始めている。12 時間以上集中していたようだ。今日もよ

くがんばった。明日からまた開発を続けよう。

　一方、もしあなたがバージョン管理システムを使っていたなら異なる対処をする。「できない人」はバグを見つけたらコードを読み返して、頭の中で仮想実行することによりバグを発見しようとした。しかし、バージョン管理している人はそんなことをしない。まず、現在のコードが確実にバグっていることを確認する。次に、十分に古いバージョンを取ってきて、同じ計算をさせてみる。すると、そのコードは正しい結果を返している。昔のコードにはバグはなかったが、現在のコードにはバグがある、つまり、どこかでバグが入ったはずだ。その後は二分探索だ。徐々に「容疑者」の範囲を狭めていき、バグがない最も新しいバージョンと、バグがある最も古いバージョンを特定すればよい。もしあなたが Git に慣れているのなら、git bisect を使うかもしれない。あなたはまず、コードが「バグっているか」「バグっていないか」を機械的に判定するスクリプトを書く。そして、おもむろにgit bisect というコマンドをたたく。これは、バグ判定用のテストスクリプトを与えると、どこでそのテストが初めて失敗するかを自動で探索してくれるコマンドだ。これにより、あるバージョンまでは問題なく、次のバージョンで問題が起きた、という場所が特定される。コードの規模にもよるが、長くても 10 分程度でバグが入った箇所を特定できるであろう。バグが入った場所を特定してしまえば、あとはその差分を見ればよい。if 文を含む数行が追加されている。これがバグの導入箇所だ。ここで初めて頭を使い、条件が漏れていると気づく。あなたは余計な場所をいじることなくそこだけを修正し、デバッグ完了だ。ここまで、せいぜい 1 時間といったところだ。

　プログラミングに慣れていない人は、往々にしてデバッグに無駄な時間をかけがちである。デバッグは絶対に行わなければならない作業であり、達成条件も明確であることから、デバッグをしていると「仕事をしている」という実感が強いのだが、実際には自分で入れたバグを自分で取っているだけであり、プロジェクトとしてはなんら前に進んでいない。あなたが 12 時間ぶっ続けでデバッグをしている間、別の人は 4 時間くらいかけて新機能を実装し、1 時間くらいかけてデバッグし、問題がなさそうなので運用に組み込み、しばらく様子を見て大丈夫そうなので帰宅して気になっていたドラマの続きを見ながらご飯を食べ、ゆっくりお風呂に入ってさっさと寝ているかもしれない。外から見て「がんばっている」ように見えるのは 12 時間ぶっ続けデバッグの人だが、もちろん実際に開発が進んでいるのは後者の人だ。このように、バージョン管理ツールを正しく使うと開発時間が短縮され、空いた時間は別の機能の追加やコードの質の向上に充てることができる。

1.4　まとめ

　ドキュメントやソフトウェアのバージョンを管理するためにバージョン管理システムは生まれた。バージョン管理システムが更新履歴を覚えてくれているおかげで、誰が、いつ、どんな変更をしたかを覚えなくてよい。複数人での開発で特に有用なツールであるが、一人で開発、修正しているプロジェクトにおいてもバージョン管理システムは有用だ。3 日後の自分は他人である。コードを書いて 3 日も経てば、間違いなく自分がどんな気持ちでどんな修正をしたかを忘れているだろう。それを教えてくれるのがバージョン管理システムである。そういう意味で、バージョン管理システムは超優秀な秘

書のようなものだ。うまく使いこなせば生産性を非常に高めることができるが、使いこなせなければただのバックアップにしかならない。自分の開発手法にツールを合わせるというよりは、ツールを通じて開発手法を学ぶ、という気持ちでいたほうがよい。

　プログラムに限らず、多くの知的生産活動は「一度作ったら終わり」ではなく、継続的な修正が必要となる。そのような修正を管理し、バグや問題を早く修正するためのツールがバージョン管理ツールである。ここで「Git や GitHub などのツールを使うとデバッグ時間が短くなる」と言いたいわけでは**ない**ことを強調しておきたい。「できない人」はバグを見つけたらコードを読み返して、頭の中で仮想実行することによりバグを発見しようとした。また、自分が過去にどんな修正をしたか、思い出そうとした。つまり、頭を使おうとした。一方、「できる人」の例では、デバッグで徹底して頭を使っていない。なるべく機械的にバグの範囲を時間的、空間的に狭めていき、最後の最後でちょっと頭を使うだけでデバッグを完了している。Git はこの方針のデバッグを補助するためのツールとして使われており、この人は Git を使っていなかったとしても似たような方法でデバッグを完了していたであろう。もちろん Git などのツールは便利であり、うまく使えばデバッグ時間を飛躍的に短くできる可能性がある。しかし、あくまでも Git は何かしらの開発スタイルを支援するためのツールなのであって、そのような開発スタイルが身に付いていない人が形だけ導入しても効果を得ることはできない。ツールとしての Git の使い方そのものより、なぜそのコマンドがあるか、どのような場合に使うかなどの「思想」を共に学ぶようにしてほしい。

CEO からのメッセージ

何かベンチャー企業を立ち上げたとき、その目標の1つは株式公開となるだろう。未上場企業が新規に株式を証券取引所に上場し、投資家に株式を取得させることを「新規株式公開（Initial Public Offering）」、略して IPO と呼ぶ。アメリカで IPO を行うためには、米国証券取引委員会（SEC）に Form S-1 と呼ばれる証券登録届出書を提出する必要がある。この Form S-1 には、事業者の財務諸表など、投資家が株式を購入するのに必要な事項が記述されている。さて、この Form S-1 を提出する際、CEO が「この企業を作ったときの思い」を手紙にしたためて添付するのが慣習となっている。

2012年2月1日、Facebook(現 Meta) は IPO のための書類 Form S-1 を SEC に提出した。この書類には、CEO であるマーク・ザッカーバーグからの手紙が添付されている。原文は SEC のサイト（https://www.sec.gov/）から読める[4]。その中に「The Hacker Way」と題されたパラグラフがあるので、一部を引用しよう。

> 強力な企業を作るため、Facebook を優れた人材が世界に大きな影響を与え、他の優れた人材から学ぶことができる最高の場所にするために、私たちは努力しています。私たちは、「the Hacker Way」と呼ぶ独自の文化とマネジメントアプローチを培ってきました。（中略）常に前に進むために、社内の壁には「完璧を目指す前にまず終わらせろ（Done is better than perfect）」という言葉が掲げられています。（中略）Facebook のオフィスでは「コードは議論に勝つ（Code wins arguments）」という、ハッカーの信条をよく耳にします。ハッカー文化は、完全にオープンで、かつ実力主義です。ハッカーたちは、アイディアを求めてロビー活動を行う人や、多くの人を部下に持つような人ではなく、最高のアイディアと実装が常に勝つべきだと信じています。

Facebook のハッカー文化を象徴する言葉としてよく耳にする「完璧を目指す前にまず終わらせろ（Done is better than perfect）」「コードは議論に勝つ（Code wins arguments）」の記載がある。これ以外にも、Facebook が目指す世界について熱く語られている。当時27歳であったマーク・ザッカーバーグの興奮が伝わってくる文章なので、一読をお勧めする。有志による日本語訳も公開されている[5]。

手紙の最後は、Facebook が目指す「Five core values」について語られている。その最後の core value、「Build Social Value」を紹介しておこう。

> 繰り返しになりますが、Facebook は、会社を構築するためだけでなく、世界をよりオープンでつながりのあるものにするために存在しています。私たち Facebook のメンバー全員が、世界にとって真の価値を生み出すために日々努力してまいります。

---

[4] https://www.sec.gov/Archives/edgar/data/1326801/000119312512034517/d287954ds1.htm
[5] http://techse7en.com/matome/188/

第2章 Gitの仕組みと用語

▶ 本章で学ぶこと

　Gitで使われる用語を一通り学ぶ。コミットやブランチなど、バージョン管理システムでは共通の単語が使われるが、ツールによって意味が異なるので注意が必要だ。Gitの用語はそれを実現するGitのコマンドと一緒に学ぶことが多いが、ここではコマンドは後回しにして、Gitでどういう状態が実現されており、それを何と呼ぶのかを見てみよう。

2.1　リポジトリとコミット

　Gitはリポジトリという単位でバージョンを管理する。Gitを使う場合、管理したいまとまりごとにリポジトリを用意し、コミットという操作で歴史を作り、その歴史を適宜改変しながら開発を進めることになる。

2.1.1　プロジェクト

　何かを管理する場合、複数のファイルをまとめて管理したいことが多い。例えばプログラム開発であれば、ソースコードだけでなく、ドキュメントやインプットファイル、設定ファイルも一緒に管理したいことが多いだろう。卒業論文を書く場合であれば、論文本体だけではなく、概要や図表、参考文献リストなどもまとめて管理したい。こういった、管理したいファイルやディレクトリの集まりを**プロジェクト（project）**と呼ぶことにしよう。なお、これは説明の便利のために導入したもので、特にGitの用語というわけではない。

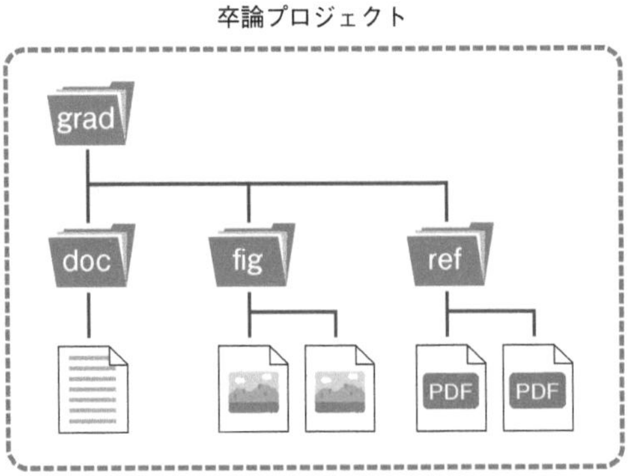

卒論プロジェクト

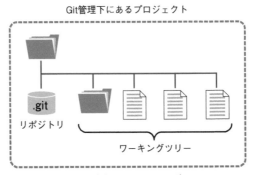

図 2.1　プロジェクトの例

　プロジェクトは、いくつかのファイル、ディレクトリから構成されているであろう（図 2.1）。例えば卒論本体は doc ディレクトリ、画像は fig ディレクトリ、参考文献は ref ディレクトリ、といった具合だ。以後、プロジェクトに必要なファイルやディレクトリをすべて含むトップレベルディレクトリ（図では grad ディレクトリ）を、プロジェクトと同一視する場合がある。

2.1.2　リポジトリとワーキングツリー

Git 管理下にあるプロジェクト

.git
リポジトリ
ワーキングツリー

図 2.2　リポジトリとワーキングツリー

　では早速 Git の用語を見ていこう。Git はファイルの状態や履歴を管理するが、それらの状態を保存する場所が必要だ。その場所を**リポジトリ（repository）**と呼ぶ。リポジトリはプロジェクトの状態すべてを管理する。リポジトリの実体はプロジェクトの中の .git というディレクトリである。
　現在、自分が作業中のファイルやディレクトリを**ワーキングツリー（working tree）**と呼ぶ[*1]。ワーキングツリーはリポジトリの管理下にあるファイルやディレクトリである。図 2.2 に示すように、Git 管理下にあるプロジェクトは、リポジトリとワーキングツリーから構成される。

---

*1　日本ではワークツリーという呼び方をされることが多いが、本書ではワーキングツリーと呼ぶ。

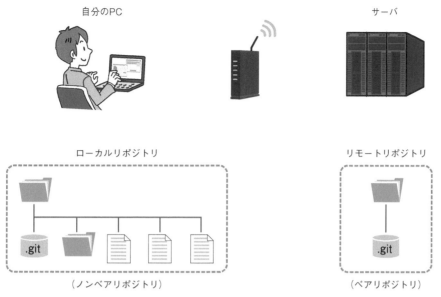

図2.3　ローカルリポジトリとリモートリポジトリ

　リポジトリには、自分の手元の PC にある**ローカルリポジトリ（local repository）**と、サーバ上にある**リモートリポジトリ（remote repository）**の2種類が存在する（図2.3）。また、ワーキングツリーを持たないリポジトリを**ベアリポジトリ（bare repository）**、ワーキングツリーを持つリポジトリを**ノンベアリポジトリ（non-bare repository）**と呼ぶ。一般的には、ローカルリポジトリはノンベアリポジトリとして、リモートリポジトリはベアリポジトリとして運用する。

2.1.3　コミット

　Git が管理するファイルを修正すると、リポジトリにある状態（Git が覚えている状態）と差が生じる。現在の状態を Git に覚えてもらうために登録することを **コミット（commit）** と呼ぶ。コミットすると、その時点でのプロジェクトの状態がまるごと保存される。ある時点でのプロジェクトの状態をまとめて **スナップショット（snapshot）** と呼ぶ。Git は管理対象の歴史を「玉」と「線」で表現することが多い。「玉」が「ある時点のプロジェクト全体の状態」、すなわちスナップショットを表し、「線」が2つのスナップショットの間の関係、すなわち親子関係を表している。コミットとは、プロジェクト全体のスナップショットである「玉」を作成し、既存の「玉」と「線」でつなぐ操作である。例えば昨日までの歴史のあるプロジェクトに対して、今日何かしらの作業をしてからコミットしたとしよう。すると、コミットした瞬間のスナップショットが「玉」となり、直前の「玉」と「線」でつながれる（図2.4）。こうして Git により管理される歴史が増えていく。

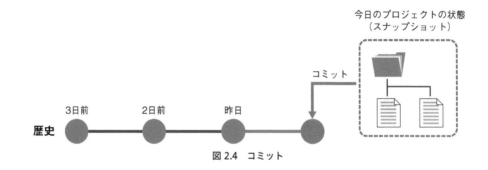

図 2.4　コミット

　Git では「コミット」という言葉を 2 つの意味で使う。1 つは動詞であり、新たに「玉」を追加して歴史を伸ばすことを意味する。もう 1 つは名詞であり、この歴史の中の「玉」、つまりある時点でのスナップショットそのものを指す。一般にコミットのタイミングと、エディタなどでの保存のタイミングは異なる。エディタでは何か修正をするたびに保存することが多いのに対し、コミットは作業がある程度まとまるごとに行うため、エディタの保存よりも頻度は低くなる。

　歴史の「玉」、すなわちコミットはゲームでいうところのセーブファイルのようなものであり、いつでもその状態に戻ることができる。例えばあなたがプログラムを書いていて、いつの間にか正しく動作しなくなっていたことに気がついたとする。あなたはたしか 2 日前には動いていたのを思い出し、ワーキングツリーを 2 日前のコミットに切り替える（図 2.5）。すると、すぐにプロジェクトが 2 日前の状態になるので、本当に 2 日前には動いていたかどうかをすぐに確認できる。Git では、この切り替えが非常に高速であるため、気軽に過去と現在を行ったり来たりできる。2 日前のコードが正しく動いていることが確認できたら、2 日前と現在でどこが違うか差分を表示すれば、問題の原因を特定できる（図 2.6）。Git はこれらの操作が簡単にできる。

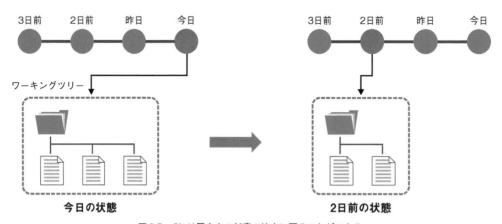

図 2.5　Git は歴史上の任意の地点に戻ることができる

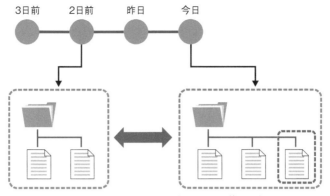

図 2.6　Git は過去と現在のスナップショットの差分を表示できる

2.1.4　インデックスとステージング

Git には、3 種類の「場所」が存在する。現在自分が編集しているファイルが存在するワーキングツリー、ファイルの編集履歴などを保存するリポジトリ、そしてその間にある **インデックス（index）** だ。

Git では、修正をリポジトリへコミットする前に、修正するファイルをインデックスに登録する必要がある。これを**ステージ（stage）**、もしくは**ステージング（staging）** という。そのため、インデックスのことを **ステージングエリア（staging area）** とも呼ぶ。

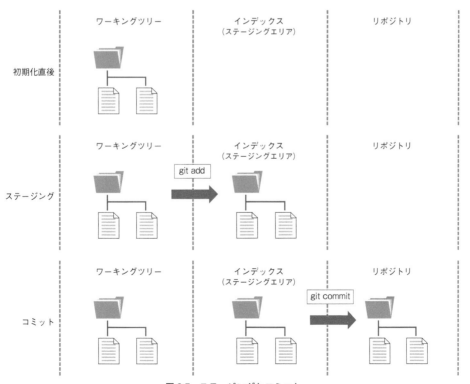

図 2.7　ステージングとコミット

　初期化直後のリポジトリから、ステージングを経てリポジトリに状態がコミットされる様子を見てみよう（図 2.7）。いま、Git 管理されていないプロジェクトがあったとしよう。初期化することでリポジトリが作られるが、その中身は空であり、まだ何も歴史を持っていない。最初にすることは、どのファイルを Git で管理するか教えることだ。そのためにファイルを選んでステージングする。ステージングされたファイルはインデックスへと登録される。必要なファイルをインデックスに登録し終えたら、コミットをする。インデックスに登録されたファイルが「スナップショット」としてリポジトリに登録され、歴史が生まれる。

　リポジトリにコミットが登録されたことで、Git はファイルの修正を追うことができるようになった。先ほど登録した状態から、ファイルを修正したとしよう。この修正をリポジトリに登録するには、まず修正したファイルをインデックスにステージングする。そして、コミットすることでリポジトリに登録する。Git は、この作業を繰り返すことで歴史を作っていく。

　Git でなぜステージングが必要かはのちほど説明することにして、とにかく Git はステージングを採用しており、リポジトリに登録したい変更内容をインデックスに登録してから、インデックスの内容をまとめてスナップショットとしてコミットする、という手順を踏むことを覚えておこう。

2.2　ブランチとマージ

2.2.1　ブランチ

　Git が管理するのはコミットがつながった歴史である。この歴史は枝分かれすることがある。例えばゲームをやっていて、シナリオが分岐する重要なイベントの手前で保存し、両方のシナリオをプレイする、といった経験はあるだろう。Git では歴史は枝分かれすることが普通であり、好きなように歴史を改変する。その歴史操作の手段として使うのが**ブランチ（branch）**である。

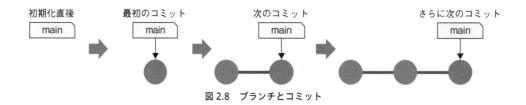

図 2.8　ブランチとコミット

　Git におけるブランチとは、コミットに付いたラベルである。プロジェクトを Git で初期化した場合、デフォルトで main というブランチが用意される[*2]。最初のコミットから歴史が始まるが、そのコミットに main というラベルが貼り付く。以後、コミットするたびに、歴史が増え、main というラベルが移動していく（図 2.8）。

＊2　以前は master という名前であったが、近年では master/slave といった用語が不適切だという意見が広がっており、master という言葉を避ける傾向にある。GitHub や GitLab はデフォルトブランチを master から main とし、Git もバージョン 2.28 からデフォルトブランチを変更する機能が付いた。

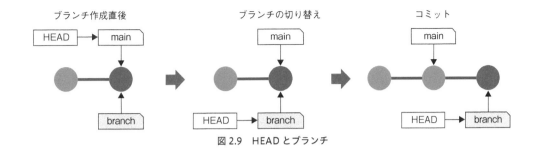

図 2.9　HEAD とブランチ

　ブランチはコミットに付いたラベルであり、自由に作ることができる。ブランチが複数あると、「いま自分がどのブランチを見ているのか」という情報が必要だ。それを指すのが **HEAD** である。Gitはデフォルトで main ブランチが作られ、HEAD は main を指している。ブランチを作ると、そのブランチは「そのときに自分が見ているコミット」、つまり「HEAD が指しているブランチが指しているコミット」に貼り付く。したがって、main ブランチで作業しているときに新たなブランチ branchを作ると、branch は main が指しているのと同じコミットを指す（図 2.9）。ブランチの切り替えとは、「HEAD が指すブランチ」を変えることだ。いま、main ブランチから branch ブランチに切り替えよう。すると、「HEAD」の指す先が main から branch に変わる。ここまでの操作では、歴史はなんら変化していない。さて、この状態で何か修正し、コミットしよう。コミットすると歴史が増えるが、このとき「いま見ているブランチ（今回の例では branch）」の指す先が新たに増えたコミットに移動し、それ以外のブランチは取り残される。

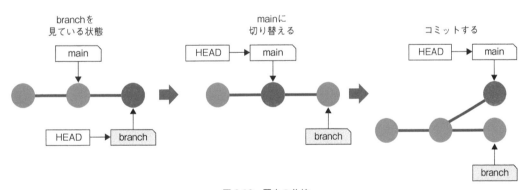

図 2.10　歴史の分岐

　先ほどの状態では、一直線の歴史上の異なる場所にブランチが貼り付いていた。ここから歴史を分岐させよう（図 2.10）。まず、branch が先の歴史を指している状態で、main ブランチに戻ろう。HEAD が main を指した状態となる。ここで何か修正し、コミットしよう。すると、新たに作られたコミットは、main が指していたコミットにつなげられるため、ここで歴史が分岐する。Git では開発において積極的に歴史を分岐させるが、その用途については後述する。

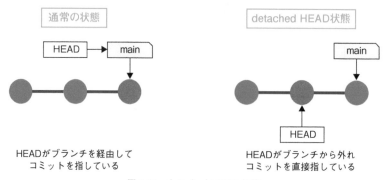

図 2.11　detached HEAD 状態

　なお、通常 HEAD はブランチを経由してコミットを指しているが、操作によっては HEAD が直接コミットを指す場合がある。これを **detached HEAD** 状態と呼ぶ（図 2.11）。detached とは切り離された、外れている、という意味であり、HEAD がブランチから外れていることを意味している。Git を操作しているとたまにこの状態となるが、そのときに慌てないように「detached HEAD 状態とは HEAD がブランチではなく直接コミットを指している状態である」とだけ覚えておこう。コミットなどの操作は HEAD が指すコミットに対して行われるため、HEAD が外れた状態でもコミットなどの操作は可能だ。なぜ detached HEAD 状態になるのか、その状態の問題点や、解消の仕方などは後述する。

2.2.2　マージ

　Git では、原則として main ブランチで作業しない。自分がこれから行う作業に対応したブランチを用意し（ブランチを切る、と呼ぶことが多い）、そのブランチ上で作業する。作業が一段落したら、ブランチで作業した内容を main ブランチに取り込みたくなる。このように、片方のブランチの修正をもう一方のブランチに取り込むことを **マージ（merge）** と呼ぶ。マージには 2 種類存在する。1 つは **Fast-Forward マージ**、もう 1 つは **Non Fast-Forward マージ**だ[3]。

---

[3]　Fast-Forward マージについては「早送りマージ」と呼ばれることもあるが、あまり一般的でない。また、Non Fast-Forward マージについては一般的な訳語がないようだ。

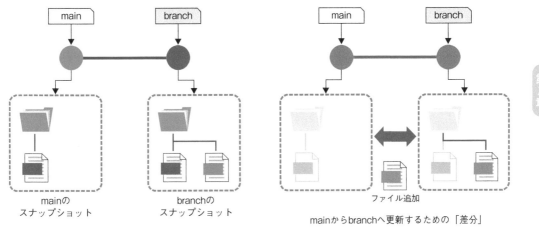

図 2.12　Fast-Forward マージ可能な状態

　まず、「修正を取り込む」ということの意味を考えてみよう。例えば、main ブランチから分岐した branch に、ファイルを追加してコミットしたとしよう。すると図 2.12 の左のような状態となる。main と branch の指すコミットは、それぞれの状態のスナップショットを保存しているのと同時に main の指すブランチにファイルを追加したら branch の状態になる、と解釈できる。

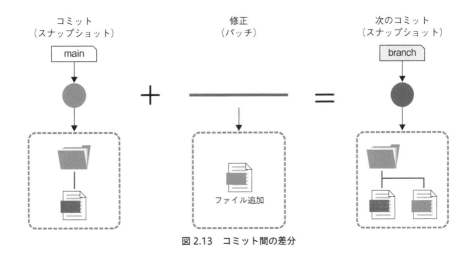

図 2.13　コミット間の差分

　このとき、コミットとコミットをつなぐ線は、その 2 つのコミットの差分であると解釈できる（図 2.13）。Git の歴史は線でつながった玉により表現されるが、玉が表すスナップショットに、線が表す修正を適用すると、次のスナップショットになる。こうして、それぞれのコミットは 1 つ前のコミットに「線」が表す修正を「適用」した結果生まれるスナップショットであると理解できる。線が表す修正を次々と適用していけば、線でつながったコミットを再現できる。

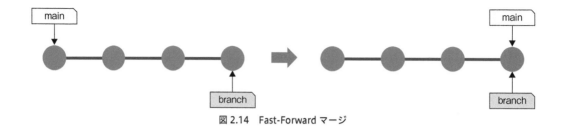

図 2.14　Fast-Forward マージ

　さて、修正を取り込みたいブランチ（main とする）が、現在作業中のブランチ（branch とする）の直接の祖先であり、かつそこから歴史が分岐していない場合を考えよう（図 2.14）。main の指すコミットに、「線」が表す修正を適用していった先に目的の状態（branch の指すコミット）がある。であるから、main の指すコミットに、積み上がった修正をすべて適用したら、branch の指すコミットと同じものができあがるはずだ。したがって、branch の修正を取り込む（マージする）には、単に branch の指すコミットまで main を動かせばよい。これを Fast-Forward（早送り）マージと呼ぶ。

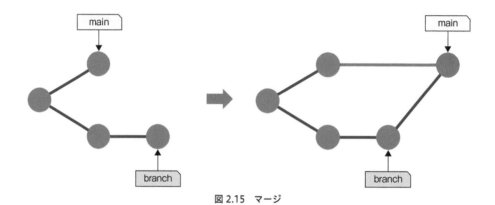

図 2.15　マージ

　もし、修正を取り込もうとしているブランチの指すコミットが、現在作業中のブランチの指すコミットの直接の祖先でなかった場合、Fast-Forward マージはできない。例えば図 2.15 のように、main から分岐した branch の修正を main に取り込もうとしたとき、main にコミットが増えていると、main の指すコミットが branch の直接の祖先ではなくなる。その場合、両方のブランチの共通の祖先からの修正を両方から取り込んで、2 つのコミットを親とする新たなコミットを作る。これをNon Fast-Forward マージ、もしくは単にマージと呼び、このとき作られたコミットを**マージコミット（merge commit）**と呼ぶ。2 つのブランチで同じファイルの同じ場所を修正していた場合、Git は自動でマージできない。これを **衝突（conflict）** と呼ぶ。衝突の対処についてはあとで説明する。

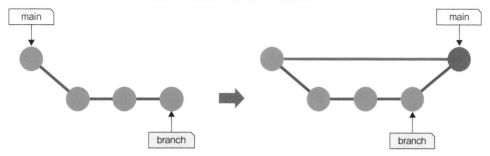

図 2.16　マージコミットを作る場合

　マージしたい 2 つのブランチのうち、片方の指すコミットがもう片方の直接の祖先である場合は Fast-Forward マージが可能だが、あえて Fast-Forward せずに、マージコミットを作ってマージすることもできる（図 2.16）。Fast-Forward マージをすると、マージ元のブランチがもともとどのコミットから分岐したか、という情報が失われてしまうが、マージコミットを作ると、その情報が残るため、例えば間違って実施したマージを取り消しやすいなどのメリットがある。

2.3　まとめ

　Git に出現する用語を概観した。一度に大量の用語が出てきて混乱しているかもしれない。一覧をまとめておこう。

- **歴史とコミット**

  Git が管理する歴史は「玉」と「線」からなり、「玉」がスナップショット、「線」が 2 つのコミットの差分を表す

  歴史を保存する場所をリポジトリと呼ぶ

  コミットとは、ある時点でのプロジェクトのスナップショットである

  スナップショットをリポジトリに登録することをコミットと呼ぶ（コミットには、名詞と動詞がある）

  リポジトリに修正をコミットする前に、どの修正を取り込むかをインデックスに登録する必要があるが、これをステージングと呼ぶ

- **ブランチとマージ**

  ブランチとは、コミットに付いたラベルである

  HEAD とは、「いま見ているブランチ」を指すラベルである

  2 つのブランチの修正を取り込み、1 つの歴史にまとめることをマージと呼ぶ

- マージする 2 つのブランチが指すコミットのうち、片方がもう片方の直接の祖先であるとき、ブランチを移動するだけで完了するマージを Fast-Forward マージと呼ぶ
- 2 つのブランチをマージする際、共通の祖先からの修正を両方取り込んでできた新しいコミットをマージコミットと呼び、マージコミットを作ることで 2 つの歴史を 1 つにまとめることをマージと呼ぶ
- Fast-Forward マージできる場合でも、マージコミットを作ることができる

　Git はバージョン管理ツールの一種である。バージョンを管理するとは開発の歴史を管理することであり、Git は「玉」と「線」をまとめたりつなぎ変えたりすることで歴史を管理する。本章で Git の用語が多数出てきたが、一度に覚える必要はないし、そもそも使う前にすべての用語を理解するのは不可能だ。ぼんやりとした理解のまま使い始め、使っているうちになんとなく頭の中で「玉」と「線」の動きと対応がつけられればそれでよい。

第3章　Git の基本的な使い方

本章で学ぶこと

　それではいよいよ Git の操作を見ていこう。Git は「git コマンド オプション 対象」といった形で操作する。Git には大量のコマンドがあり、さらにそれぞれに多くのオプションがある。それらをすべて覚えるのは現実的でない。まずはよく使うコマンドとオプションだけ覚えよう。また、Git はヘルプが充実している。「あのコマンドなんだっけ?」と思ったら、git help を実行しよう。コマンドの詳細を知りたければ git help command で詳細なヘルプが表示されるので、合わせて覚えておくこと。例えば git help help で、help コマンドのヘルプを見ることができる。

　Git に限らず、使い方がわからないコマンドを見たときには、まずは公式ドキュメントやヘルプを参照する癖をつけておきたい。広く使われているツールは、公式のドキュメントやチュートリアルが充実していることが多い。例えば Git であれば Pro Git [*1] という Git の本がウェブで公開されている。また、git help で表示されるヘルプも非常に充実している。公式ドキュメントおよびヘルプを読むか読まないかで学習効率が大きく異なる。「困ったらまずは公式」という習慣をつけておこう。

3.1　初期設定

　まず、最初にやるべきことは、Git に名前とメールアドレスを教えてやることだ。この2つを設定しておかないと、Git のコミットができない。名前やメールアドレスが未設定のままコミットしてみよう。

```
git commit -m "updates"
```

　すると、こんなメッセージが表示される。

[*1]　https://git-scm.com/book/ja/v2

```
Author identity unknown

*** Please tell me who you are.

Run

  git config --global user.email "you@example.com"
  git config --global user.name "Your Name"

to set your account's default identity.
Omit --global to set the identity only in this repository.
```

　Git はエラーが親切であり、何か問題が起きた時に「こうすればいいよ」と教えてくれることが多い。今回も、このメッセージに表示されている通り、`git config --global` コマンドを使って、メールアドレスと名前を登録しよう。

```
git config --global user.name "H. Watanabe"
git config --global user.email hwatanabe@example.com
```

　このメールアドレスは GitHub に公開リポジトリを作ったときに公開されるので注意すること。
　コミットメッセージを入力するときなど、Git が外部エディタを必要とするときに起動されるエディタは、デフォルトでは Vim であることが多い。しかし、環境によっては nano など別のエディタになっていることもある。使い慣れたエディタを使えばよいが、本書では説明の都合上 Vim を使うため、デフォルトエディタを Vim に設定しておこう。

```
git config --global core.editor vim
```

　さらに、デフォルトブランチの名前を master から main に変更しておく。

```
git config --global init.defaultBranch main
```

　以上で設定は完了だ。
　`git config` は Git に設定を登録するコマンドであり、`--global` オプションは、そのコンピュータ全体で有効な情報を登録するよ、という意味だ。具体的には、ホームディレクトリの .gitconfig の中に保存されている。見てみよう。

```
$ cat .gitconfig
[user]
        name = H. Watanabe
        email = hwatanabe@example.com
[core]
        editor = vim
[init]
        defaultBranch = main
```

git config において user.name で指定した項目が、user セクションの name の値として登録されている。基本的には Git の設定は git config でコマンドラインから指定するが、直接このファイルを編集することでも設定できる。

また、プロジェクト固有の設定を登録したい場合は、そのプロジェクトの中で、

```
git config user.name "John Git"
```

などと、--global を付けずに設定すると、そちらの設定が優先される。複数のプロジェクトで名前やメールアドレスを使い分けたいことがあるかもしれないので、覚えておくとよい。

なお、現在の設定は git config -l で表示できるが、そのオプション -l を忘れたとしよう。その場合は git help config を実行する。

```
$ git help config
（中略）
      -l, --list
           List all variables set in config file, along with their values.
```

すると、途中に上記のような項目を見つけ、--list が目的のオプションであり、-l はその短縮形であることがわかる。

3.2 Git の一連の操作

Git ではリポジトリを初期化したあと、「修正をステージングしてはコミット」という作業を繰り返すことで歴史を作っていく。その際、多くのコマンドを利用する。まず、初期化、ステージング、コミットまでの一連の操作を概観してから、そこに現れるコマンドの詳細を見てみよう。

3.2.1 リポジトリの初期化

リポジトリを作るには、git init コマンドを用いる。

まず、ホームディレクトリに project というディレクトリを作り、その中へ移動しよう。

```
cd
mkdir project
cd project
```

上から順番に、ホームディレクトリへの移動、project ディレクトリの作成、カレントディレクトリを project に変更する操作だ。

カレントディレクトリが project ディレクトリであるときに git init することで Git の初期化が行われる。

```
git init
```

すると、project ディレクトリ直下に .git というディレクトリが作られる。Git の管理情報はすべてこのディレクトリに格納される。また、Git Bash を使っているなら、プロンプトに ~/project (main) と、Git 管理されたディレクトリであり、現在のブランチは main であることが表示されたはずだ。

3.2.2　最初のコミット

初期化直後の Git リポジトリには、全く歴史が保存されていない。そこで、最初のコミットを作ろう。そのために、管理したいファイルをインデックスに追加する必要がある。すでに述べたように、Git はコミットを作る前に、インデックスにコミットされるスナップショットを作る。これをステージングと呼ぶ。インデックスにステージングするコマンドが git add だ。

例えば先ほど作成した project の中に README.md を作り、それを追加しよう。

```
echo "Hello" > README.md
git add README.md
```

現在の状態を見るには、git status コマンドを使う。

```
$ git status
On branch main

No commits yet

Changes to be committed:
  (use "git rm --cached <file>..." to unstage)
        new file:   README.md
```

これは、

- 現在のカレントブランチは main であり (On branch main)
- まだ全く歴史はなく (No commits yet)
- 現在コミットした場合に反映される修正は (Changes to be committed:)、README.md という新しいファイルを追加することである

ということを意味している。

早速最初のコミットを作ろう。コミットは git commit コマンドを使う。

```
git commit
```

すると、デフォルトエディタ（本書の設定では Vim）が起動し、以下のような画面が表示される。

```
# Please enter the commit message for your changes. Lines starting
# with '#' will be ignored, and an empty message aborts the commit.
#
# On branch main
#
# Initial commit
#
# Changes to be committed:
#       new file:    README.md
#
```

ここでコミットメッセージを書く。最初のコミットメッセージは initial commit とすることが多い。なお、# で始まる行はコミットメッセージには含まれない。コミットメッセージを入力し、ファイルを保存してエディタを終了するとコミットが実行される。

```
$ git commit
[main (root-commit) 9d8aab0] initial commit
 1 file changed, 1 insertion(+)
 create mode 100644 README.md
```

これは

* main ブランチの、最初のコミットであり（root-commit）
* コミットハッシュの先頭 7 桁が 9d8aab0 である

ということを意味している。Git はコマンド実行時やエラー時に詳細なメッセージが出る。それらを無視せず、ちゃんと読むのが Git の理解の早道だ。

　ここでコミットハッシュという言葉が出てきた。Git では歴史をコミットで管理しており、コミットは「コミットされた時点でのプロジェクトのスナップショット」を表す。そのコミットを区別する一意な識別子がコミットハッシュである。先ほどはコミットハッシュの上位 7 桁しか表示されなかったが、実際には 40 桁ある。ハッシュ値の計算には SHA-1 というアルゴリズムが用いられている。詳細は第 11 章「Git の中身」で触れる。

　これで最初の歴史が作られた。過去のコミットを見てみよう。履歴を見るには git log コマンドを使う。

```
$ git log
commit 9d8aab06e0a1f1b152546db086fe7737a02526e1 (HEAD -> main)
Author: H. Watanabe <hwatanabe@example.com>
Date:   Thu Sep 16 17:15:41 2021 +0900
```

```
initial commit
```

これは、

- 9d8aab06e0a1f1b152546db086fe7737a02526e1 というコミットハッシュのコミットがあり
- main ブランチがそのコミットを指しており
- カレントブランチは main ブランチであり（HEAD -> main）
- 著者とメールアドレスは H. Watanabe <hwatanabe@example.com> であり
- コミットされた日付が 2021 年 9 月 16 日であり
- コミットメッセージが initial commit である

ということを表している。繰り返しになるが、Git の出力するメッセージを面倒くさがらずにちゃんと読むのが Git の理解の早道だ。

3.2.3　修正をコミット

次に、README.md を修正し、その修正をコミットしよう。Vim で修正してもよいが、VS Code で編集しよう。VS Code の「ファイル」メニューの「フォルダーを開く」から、いまターミナルで見ているカレントディレクトリを開こう。

シェルコマンド code がインストールされている場合は、ターミナルでカレントディレクトリが project である状態から、

```
code .
```

を実行すると、このディレクトリを VS Code で開くことができるので便利だ。

左のエクスプローラーから README.md を選び、以下のように行を追加する。

```
Hello
Update
```

修正した状態で git status を実行してみよう。

```
$ git status
On branch main
Changes not staged for commit:
  (use "git add <file>..." to update what will be committed)
  (use "git restore <file>..." to discard changes in working directory)
        modified:   README.md

no changes added to commit (use "git add" and/or "git commit -a")
```

これは、

- カレントブランチが main であり（On branch main）
- ステージされていない変更があり（Changes not staged for commit）
- その変更とは、README.md が修正されたものである（modified:　README.md）

ということを意味する。また、git status には -s オプションがあり、表示が簡略化される。

```
$ git status -s
 M README.md
```

ファイルの隣に M という文字が表示された。これはワーキングツリーで表示されたが、インデックスには変更がないことを示す。

この状態で差分を見てみよう。git diff を実行する。

```
$ git diff
diff --git a/README.md b/README.md
index e965047..9c99d1a 100644
--- a/README.md
+++ b/README.md
@@ -1 +1,2 @@
 Hello
+Update
```

これは、ワーキングツリーとインデックスを比較して、README.md に変更があり、ワーキングツリーには「Update」という行が追加されていることを示す。

では、この修正を git add でステージングしよう。

```
git add README.md
```

これで、修正がステージングされた。この状態で、ワーキングツリーとインデックスは同じ状態となり、リポジトリにはまだ修正が反映されていない状態となっている。

git diff を実行しても何も表示されない。

```
$ git diff
```

これは、git diff に何も引数を渡さないと、ワーキングツリーとインデックスの差分を表示するからだ。リポジトリの main ブランチの状態は古いので、その状態と比較すると差分が表示される。インデックスとリポジトリの差分を表示する場合は --cached オプションを付ける。

```
$ git diff --cached
diff --git a/README.md b/README.md
index e965047..9c99d1a 100644
--- a/README.md
+++ b/README.md
@@ -1 +1,2 @@
 Hello
+Update
```

また、git status の表示も見てみよう。

```
$ git status
On branch main
Changes to be committed:
  (use "git restore --staged <file>..." to unstage)
        modified:   README.md
```

先ほど、「Changes not staged for commit:」となっていた部分が、「Changes to be committed:」となっている。これは我々が修正をインデックスにステージングしたからだ。簡略版も表示させよう。

```
$ git status -s
M  README.md
```

先ほどと異なり、2桁目は空白、1桁目に緑色でMが表示される。実は、1桁目がインデックスとリポジトリの差分、2桁目がインデックスとワーキングツリーの差分を示している。慣れたら git status よりも git status -s のほうを使うことが多いと思われる。

ではコミットしよう。先ほどはコミットメッセージをエディタで書いたが、-m オプションにより直接コマンドラインからも指定できる。

```
$ git commit -m "updates README.md"
[main a736d82] updates README.md
 1 file changed, 1 insertion(+)
```

新たに a736d82 というコミットが作られ、歴史に追加された。歴史を表示させてみよう。

```
$ git log
commit a736d82251279f592a25e38503bb9130bac12481 (HEAD -> main)
Author: H. Watanabe <hwatanabe@example.com>
Date:   Thu Sep 16 19:13:34 2021 +0900

    updates README.md

commit 9d8aab06e0a1f1b152546db086fe7737a02526e1
Author: H. Watanabe <hwatanabe@example.com>
Date:   Thu Sep 16 17:15:41 2021 +0900
```

```
        initial commit
```

2つのコミットができている。git logは --oneline オプションを付けるとコミットを1行表示してくれる。

```
$ git log --oneline
a736d82 (HEAD -> main) updates README.md
9d8aab0 initial commit
```

その他、git logには多くのオプションがあるので、必要に応じて覚えるとよい。
コミットのあとは、ワーキングツリーは「きれいな状態」になる。

```
$ git status
On branch main
nothing to commit, working tree clean
```

3.3　よく使うコマンドとファイル

Gitの操作でよく使うコマンドやファイルについて簡単にまとめておく。

3.3.1　git init

リポジトリを作るには、git init コマンドを用いる。リポジトリの作り方は「すでに存在するプロジェクトのディレクトリをGit管理下に置く方法」と「最初からGit管理されたディレクトリを作る方法」の2通りがある。

projectというディレクトリがあり、そこにGit管理したいファイルやディレクトリがある場合は、その project ディレクトリの一番上で git init を実行するとGitの初期化が行われる。

```
$ pwd
/c/Users/watanabe/project    # 現在、project というディレクトリの中にいる
$ git init                   # カレントディレクトリをGitリポジトリとして初期化
Initialized empty Git repository in C:/Users/watanabe/project/.git/
```

すると、project ディレクトリ直下に .git というディレクトリが作られる。Gitの管理情報はすべてこのディレクトリに格納される。プロジェクトがディレクトリを含む場合、その下で git init しないように気をつけよう。親子関係にあるディレクトリの中に複数の .git が存在すると動作がおかしくなるので注意したい。

もう1つの方法は、空のリポジトリをディレクトリごと作る方法だ。

```
$ pwd
/c/Users/watanabe          # 現在、ホームディレクトリにいる
$ git init project         # project というディレクトリを作成して初期化
Initialized empty Git repository in C:/Users/watanabe/project/.git/
```

先ほどとコマンドを実行した場所は異なるが、同じ場所に .git が作られた。

管理したいディレクトリの中で git init する方法と、git init projectname としてディレクトリごと作る方法のどちらを使ってもよいが、一般的にはある程度形になってから「そろそろ Git で管理しよう」と思うであろうから、前者を使うことが多いであろう。

git init に --bare を付けるとベアリポジトリを作成する。ベアリポジトリとは .git ディレクトリの中身しかないようなリポジトリであり、通常は直接作成しない。ベアリポジトリについては第 8 章「リモートリポジトリの操作」で触れる。

3.3.2　git add

git add は誤解されやすいコマンドだ。このコマンドは以下の 3 つの役割で使われる。

- リポジトリの管理下にないファイルを管理下に置く
- リポジトリの管理下にあるファイルをステージングする
- Git に衝突の解消について教える

実は、これらはすべて

- ワーキングツリーにあるファイルをインデックスにステージングする

という作業である。Git では、まずインデックスに「作りたいコミットの姿」を作り、そのあとでコミットをすることでコミットが作られる。git add は、ワーキングツリーからインデックスにファイルをコピーする。

まず、ワーキングツリーにはあるが、リポジトリとインデックスのどちらにも存在しないファイルを git add すると、ワーキングツリーからインデックスにコピーされる（図 3.1）。

また、インデックスとリポジトリの両方に存在するファイル、つまり Git 管理下にあるが、ワーキングツリーで修正されたファイルを git add すると、ワーキングツリーにあるファイルでインデックスにあるファイルを上書きする（図 3.2）。

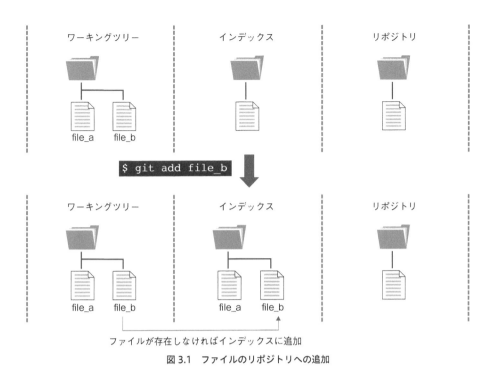

図 3.1　ファイルのリポジトリへの追加

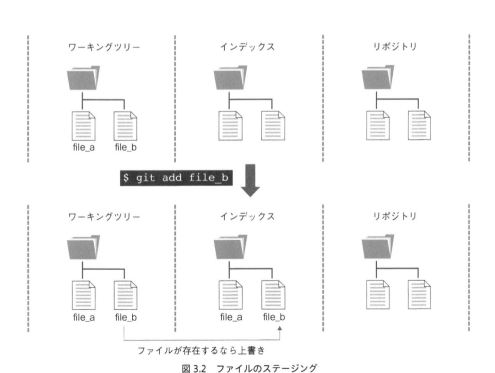

図 3.2　ファイルのステージング

　また、後述する「マージの際の衝突」が起きたときに、衝突が解消されたことを教えるにも git add を使うが、それもインデックスに作りたいコミットの姿を作り、それをコミットしている、ということがわかれば動作を理解しやすい。

3.3.3　`git commit`

　インデックスに必要な修正をステージングしたら、git commit することでコミットする。コミットとは、インデックスに登録されている状態（スナップショット）を、コミットとして歴史に追加する操作だ。Git ではコミットをする際にコミットメッセージを付けることが必須であり、単に git commit とオプションなしで実行すると、デフォルトエディタが開いてコミットメッセージを求められる。しかし、-m オプションに続けてコミットメッセージを書けば、エディタを開くことなくコマンドラインからコミットができる。

```
git commit -m "commit message"
```

　将来、開発チームなどでコミットメッセージのフォーマットが指定されている場合、特に複数行書く必要がある場合はエディタで書いたほうがよいが、そうでない個人用途であれば -m オプションでコミットメッセージを直接記述してしまったほうが楽であろう。また、VS Code などからコミットする場合は、コミットメッセージも VS Code 上で書くことができる。

　Git はコミットの前に修正したファイルを git add によりインデックスに登録する必要があるが、git commit に -a オプションを付けることで、Git 管理下にあって、かつ修正されたファイルをすべていきなりコミットできる。-m オプションと合わせて、

```
git commit -am "commit message"
```

などと使うことになるだろう。個人管理のプロジェクトなどでいちいちインデックスに登録する必要性を感じない場合は git commit -am を使ってよいが、「Git はインデックスに登録した状態をコミットとして保存する」という感覚に慣れるまでは、愚直に git add、git commit したほうがよい。

3.3.4 `git diff`

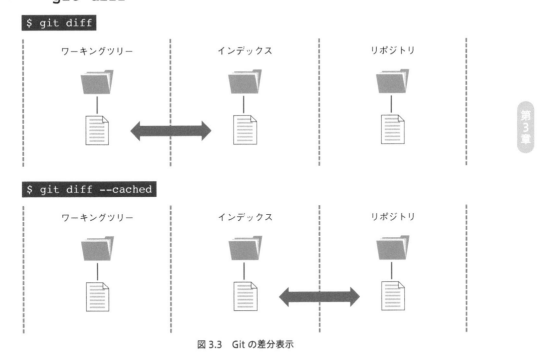

図 3.3　Git の差分表示

　Git には、「プロジェクトの状態を表現するもの」として、ワーキングツリー、インデックス、コミットの 3 つがある。それらの間の差分を表示するのが git diff コマンドだ。git diff は、引数やオプションの指定によりさまざまなものの差分を表示できる。git diff には非常に多くのオプションがあるが、よく使うのは以下の 3 つであろう。

- git diff：ワーキングツリーとインデックスの差分を表示する
- git diff --cached：インデックスと最新のコミットとの差分を表示する
- git diff ブランチ名：カレントブランチと指定したブランチの間の差分を表示する

　Git にはワーキングツリー、インデックス、リポジトリの 3 つの場所があることはすでに述べた。修正はワーキングツリーからインデックスへ、インデックスからリポジトリへと登録されるため、「ワーキングツリーとインデックスの間」と「インデックスとリポジトリの間」の両方に差分が発生する。図 3.3 に示すように、git diff とオプションを付けずに実行するとワーキングツリーとインデックスの間の差分を、git diff --cached と --cached オプションを付けて実行すると、インデックスとリポジトリの間の差分を表示する。
　また、ブランチ名を指定することで、異なるブランチ間での差分も表示できる。あとでマージについて説明するが、マージの前に git diff により差分を表示する癖をつけておきたい。

3.3.5　git log

過去の履歴を見るには git log を用いる。git log は、カレントブランチが指すコミットから、次々と親コミットをさかのぼりながら表示する。その「歴史」に含まれるコミットを指すブランチがあれば、それも表示してくれる。git log も非常に多くのオプションがあるが、使いそうなものをいくつか紹介する。

- git log：引数なしで実行すると、コミットハッシュすべてやコミットメッセージ、コミットした人の情報などが表示される。
- git log --oneline：コミットハッシュ先頭 7 桁と、ブランチ、コミットメッセージなどが表示される。個人開発ならこれで十分であろう。
- git log --graph：ブランチの分岐などをグラフ表示してくれる。普通に使うと見づらいので、git log --graph --oneline のように短縮表示と組み合わせて使うことになるだろう。

その他のオプションについては git help log を見てみるとよい。

3.3.6　git config

git config は Git のさまざまな設定をする。--global を付けるとその PC 全体での設定、付けなかった場合は、そのリポジトリローカルでの設定となる。リポジトリごとに異なるメールアドレスや名前を使いたいことはよくあるので、その場合は --global を付けずに設定するとよい。

また、git config の便利な機能としてエイリアスの設定がある。これは

```
git config --global alias.短縮コマンド名 "実際のコマンド"
```

という形で、「実際のコマンド」に「短縮コマンド名」という別名を与えることができる。

例えば、git log --graph --oneline というコマンドをよく使うとして、いちいちこんな長いコマンドを入力したくない場合、

```
git config --global alias.g "log --graph --oneline"
```

として設定すると、以後

```
git g
```

を実行すれば、

```
git log --graph --oneline
```

を実行したのと同じ効果が得られる。他にも

```
git config --global alias.st "status -s"
```

などがよく使われるエイリアスである。特に git log 系のエイリアスは各自の趣味が強く反映されるため、多くのエイリアス例がある。興味のある人は検索してみるとよい。

3.3.7 .gitignore

プロジェクトディレクトリには置いておきたいが、Git 管理したくないファイルというものがある。実行可能ファイルや中間ファイル、数値計算の実行結果などだ。例えば test.dat というデータファイルがあり、かつこれを Git 管理していないとしよう。この状態で git status -s を実行すると、

```
$ git status -s
?? test.dat
```

と、「Git 管理下に置かれていないよ」と表示される。特に多数のデータファイルを生成するようなリポジトリでは、git status -s の出力が ?? で埋め尽くされて、肝心の管理しているファイルの状態が見えづらくなる。このとき、Git に「このファイルを無視せよ」と指示するのが .gitignore ファイルだ。Git は .gitignore ファイルに書かれたファイルを無視する。例えば .gitignore に

```
test.dat
```

と書くと、test.dat を無視する。見てみよう。

```
$ git status -s
?? .gitignore
```

今度は「.gitignore というファイルが管理されていないよ」というメッセージが表示された。通常、.gitignore は Git 管理したいファイルであるから、作成したら

```
git add .gitignore
git commit -m "adds .gitignore"
```

などとしてコミットしておこう。これにより、test.dat があっても git status などのコマンドが無視されるようになる。

```
$ ls
test.dat   test.txt # test.dat と test.txt がある
$ git status -s     # 何も表示されない
```

なお、.gitignore に記載されたファイルは、.gitignore が置いてあるディレクトリを含む、サブディレクトリ以下すべてで無視される。したがって、ディレクトリごとに無視したいファイルが異

なる場合は、ディレクトリごとに .gitignore ファイルを置くとよい。また、無視するファイルには
ワイルドカードが使える。例えば .gitignore に

```
*.dat
```

と記載すると、拡張子 .dat を持つファイルすべてが無視される。ワイルドカードの詳細については
ここでは述べないが、「パターンマッチのような方法で複数のファイルをまとめて無視する方法があ
る」ということだけ覚えておけばよい。

3.4　まとめ

　Git を使うための初期設定、およびリポジトリの作成からステージング、コミット、歴史の表示まで、
一連の動作を確認した。Git には非常に多くのコマンドがあり、それぞれのコマンドにこれまた非常
に多くのオプションがある。これらすべてをいきなり覚えるのは難しいので、まずはよく使うコマン
ドだけ覚え、必要に応じて別のコマンドを覚えていけばよい。

3.5　演習問題

3.5.1　初期設定

Step1　名前とメールアドレスの登録

　ターミナルを開き、以下を実行せよ。

```
git config --global user.name "ユーザ名"
git config --global user.email "メールアドレス"
```

　この名前とメールアドレスはのちに公開されるため、イニシャルやニックネームなどでもよい。ま
た、ここで「タブ補完」が効くことも確認しておこう。

- git con まで入力してタブを押すと git config まで入力される
- --gl まで入力してタブを押すと --global まで入力される
- us まで入力してタブを押すと user. まで入力される
- n まで入力してタブを押すと、name まで入力される

　以上から「git con(TAB)--gl(TAB)us(TAB)n(TAB)」と入力すると git config --global user.
name まで入力が完了する。これをタブ補完と呼ぶ。慣れると便利なので、普段から意識して使うよ
うにするとよい。

Step2 その他の設定

デフォルトエディタを Vim にする設定、改行コードの設定、デフォルトブランチ名の設定をしておこう。

```
git config --global core.editor vim
git config --global core.autocrlf false
git config --global init.defaultBranch main
```

Step3 エイリアス

よく使うコマンドのエイリアスも登録しておこう。いろいろ便利なエイリアスがあるが、人や部署によって流儀が異なるので、今回は以下の1つだけを設定しよう。

```
git config --global alias.st "status -s"
```

Step4 確認

以上を実行後、ターミナルで .gitconfig を表示し、先ほど設定した内容が書き込まれていることを確認せよ。

```
cat .gitconfig
[user]
        name = 先ほど設定したユーザ名
        email = 先ほど設定したメールアドレス
[core]
        editor = vim
        autocrlf = false
[alias]
        st = status -s
[init]
        defaultBranch = main
```

上記のような表示になっていれば成功である。なお、環境や操作により順序が入れ替わっている場合があるが、同じ内容が記述されていれば問題ない。

ここまでで Git を使う準備が整った。

3.5.2 リポジトリの作成

Step1 リポジトリ用ディレクトリの準備

それではいよいよ Git の操作を一通り確認する。

まず、本書用に github-book というディレクトリを作成しよう。以後、本書の演習は、すべてこのディレクトリの中で作業するものとする。最初に cd を実行し、ホームディレクトリに移動してからディレクトリを作成、そのディレクトリに移動する。

```
cd
mkdir github-book
cd github-book
```

さらにその中に first というディレクトリを作ろう。

```
mkdir first
cd first
```

Git Bash を使っているなら、プロンプトのカレントディレクトリの表示に github-book/first と黄色く表示されているはずだ。

この first ディレクトリの中に README.md というファイルを作成しよう。そのために、まずこのディレクトリを VS Code で開く。VS Code が起動したら「ファイル」メニューから「フォルダーを開く（もしくは Open Folder...）」を選び、先ほど作成したディレクトリ first を選ぼう。ディレクトリを開いたら、左のエクスプローラーの「FIRST」の右にある「新しいファイル」ボタンを押して、README.md と入力せよ（図 3.4）。README まで大文字、md が小文字である。

図 3.4　VS Code でファイルの新規作成

README.md ファイルが開かれたら、

```
# Test
```

とだけ入力し、保存しよう。最後に改行を入れるのを忘れないこと。この際、右下に「CRLF」と表示されている場合は、そこをクリックして「改行コードを選択」画面を出し、「LF」を選ぶこと。

Step2 リポジトリの初期化（`git init`）

ターミナルに戻り、このディレクトリ first を Git のリポジトリとして初期化しよう。

```
git init
```

すると、.git というディレクトリが作成され、first ディレクトリがリポジトリとして初期化さ

れる。以下を実行せよ。

```
ls -la
```

README.md に加え、.git というディレクトリが作成されていることがわかる。

git init した直後は、「現在のディレクトリ first を Git で管理することは決まったが、まだ Git はどのファイルも管理していない」、すなわち歴史が全くない状態になる。

この状態を確認してみよう。git status を実行せよ。以下のような表示が得られるはずだ。

```
$ git status
On branch main

No commits yet

Untracked files:
  (use "git add <file>..." to include in what will be committed)
        README.md

nothing added to commit but untracked files present (use "git add" to track)
```

ここには、

- まだ何もコミットがなく（No commits yet）
- README.md という管理されていないファイルがあるので（Untracked files）
- もし管理したければ git add せよ（use "git add" to track）

と書いてある。

git status は -s オプションを付けることで、リポジトリの状態をより簡潔に表示できる。

```
git status -s
?? README.md
```

README.md の左側に ?? という文字が表示された。git status -s は、ファイルの状態を 2 つの文字で表す。それぞれ右がワーキングツリー、左がインデックスの状態を表している。今回のケースはどちらも ? なので、ワーキングツリーとインデックスのどちらにもない、すなわち Git の管理下にない（Untracked）という意味だ。

さて、いちいち git status -s と入力するのは面倒なので、あらかじめ git status -s に git st という別名を付けておいた。以下を実行せよ。

```
git st
```

正しくエイリアスが設定されていれば、git status -s と同じ結果になる。以後こちらを使うことにしよう。

Step3 インデックスへの追加 (git add)

さて、Untracked な状態のファイルを Git の管理下に置こう。そのために git add を実行する。

```
git add README.md
```

現在の状態を見てみよう。git st を実行すると、以下のような表示になるはずだ。

```
$ git st
A  README.md
```

これは「README.md を追加することが予約されたよ」という意味で、インデックスに README.md が追加された状態になっている。

では、記念すべき最初のコミットをしよう。Git はコミットをするときに、コミットメッセージが必要となる。最初のメッセージは慣例により initial commit とすることが多い。

```
git commit -m "initial commit"
```

これによりコミットが作成され、README.md は Git の管理下に入った。

状態を見てみよう。

```
git st
```

何も表示されないはずである。ロングバージョンのステータスも見てみよう。

```
$ git status
On branch main
nothing to commit, working tree clean
```

自分がいま main ブランチにいて、何もコミットをする必要がなく、ワーキングツリーがきれい (clean)、つまりリポジトリに保存された最新のコミットと一致していることを意味している。

Step4 ファイルの修正

次に、ファイルを修正してみよう。VS Code で開いている README.md に、「Hello Git!」と付け加えて保存しよう。最後の改行を忘れないこと。

```
# Test

Hello Git!
```

状態を見てみよう。

```
$ git st
 M README.md
```

ファイル名の前に M という文字が付いた。これは Modified の頭文字であり、かつ右側に表示され
ていることから「ワーキングツリーとインデックスに差があるよ」という意味だ。
　また、この状態で git diff を実行してみよう。

```
$ git diff
diff --git a/README.md b/README.md
index 8ae0569..6f768d9 100644
--- a/README.md
+++ b/README.md
@@ -1 +1,3 @@
 # Test
+
+Hello Git!
```

　追加された行が行頭の + として表されている。この修正をリポジトリに登録するため、ステージン
グしよう。

```
git add README.md
```

　また状態を見てみよう。

```
$ git st
M  README.md
```

　先ほどは赤字で 2 桁目に M が表示されていたのが、今回は緑字で 1 桁目に M が表示されているは
ずである。これは、インデックスとワーキングツリーは一致しており（2 桁目に表示がない）、インデッ
クスとリポジトリに差がある（1 桁目に M が表示される）ということを意味している。
　この状態でコミットしよう。

```
git commit -m "adds new line"
```

　修正がリポジトリに登録され、ワーキングツリーがきれい（clean）な状態となった。

Step5 　自動ステージング（**git commit -a**）

Git では原則として

- ファイルを修正する
- git add でコミットするファイルをインデックスに登録する（ステージングする）
- git commit でリポジトリに反映する

という作業を繰り返す。実際、多人数で開発する場合はこうして「きれいな歴史」を作るほうがよいのだが、一人で開発している場合は git add によるステージングを省略してもよい。

git add を省略するには、コミットするときに git commit -a と、-a オプションを付ける。すると、Git 管理下にあり、かつ修正されたファイルすべてを、ステージングを飛ばしてコミットする。その動作を確認しよう。

まず、VS Code でさらにファイルを修正しよう。README.md に「Bye Git!」という行を付け加えよう。やはり最後の改行を忘れないように。

```
# Test

Hello Git!
Bye Git!
```

この状態で、git add せずに git commit しようとすると、「何をコミットするか指定がない（インデックスに何もない）」と怒られる。

```
$ git commit -m "modifies README.md"
On branch main
Changes not staged for commit:
  (use "git add <file>..." to update what will be committed)
  (use "git restore <file>..." to discard changes in working directory)
        modified:   README.md

no changes added to commit (use "git add" and/or "git commit -a")
```

上記メッセージには、まず git add するか、git commit -a しろとあるので、ここでは後者を実行しよう。オプションは -m とまとめて -am とする。

```
git commit -am "modifies README.md"
```

以後、慣れた場合は git commit -am を使うことでステージングを省略してもよい。

Step6 歴史の確認（`git log`）

これまでの歴史を確認してみよう。本書の通りに作業してきたなら、3つのコミットが作成された
はずだ。git log で歴史を振り返ってみよう。

```
$ git log
commit be7533fe7e4f565342bc86c1e8f0f2a9f3c284ae (HEAD -> main)
Author: H. Watanabe <kaityo256@example.com>
Date:   Mon Aug 23 23:32:48 2021 +0900

    modifies README.md

commit dd14099193d5ca080e37674ae474f558457d0cb7
Author: H. Watanabe <kaityo256@example.com>
Date:   Mon Aug 23 23:31:01 2021 +0900

    adds new line

commit 02b8501966eb17df1e2d79c7a33e61feadd678cf
Author: H. Watanabe <kaityo256@example.com>
Date:   Mon Aug 23 23:29:45 2021 +0900

    initial commit
```

いつ、誰が、どのコミットを作ったかが表示される。それぞれのコミットハッシュは異なるものに
なっているはずだ。

デフォルトの表示では見づらいので、1つのコミットを1行で表示してもよい。

```
$ git log --oneline
be7533f (HEAD -> main) modifies README.md
dd14099 adds new line
02b8501 initial commit
```

個人的にはこちらのほうが見やすいので、l（←小文字のLであり、数字の1ではないことに注意）
を log --oneline のエイリアスにしてしまってもよいと思う。もしそうしたい場合は、

```
git config --global alias.l "log --oneline"
```

を実行せよ。以後、

```
git l
```

で、コンパクトなログを見ることができる。

Step7 **VS Code からの操作**

Git は、VS Code からも操作できる。いま、README.md を開いている VS Code で何か修正して、
保存してみよう。「Git from VS Code」という行を追加せよ。

```
# Test

Hello git
Bye git
Git from VS Code
```

修正を保存した状態で左を見ると、「ソース管理」アイコンに「1」という数字が表示されている
はずだ（図 3.5）。これは「Git で管理されているファイルのうち、1 つのファイルが修正されているよ」
という意味だ。

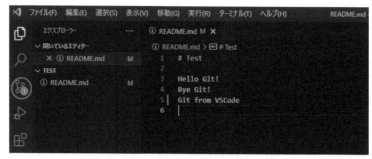

図 3.5　VS Code の Git 管理アイコン

この「ソース管理アイコン」をクリックしよう。

図 3.6　VS Code 上で git add

すると、ソース管理ウィンドウが開き、「変更」の下に「README.md」が表示される（図 3.6）。
そのファイル名の右にある「+」マークをクリックしよう。README.md が「変更」から「ステージ
ングされている変更」に移動したはずだ。

これはターミナルで

```
git add README.md
```

を実行したことに対応する。

　この状態で「メッセージ」のところにコミットメッセージを書いて「Commit」ボタンをクリックすると、コミットできる。例えばメッセージとして commit from VSCode と書いてコミットしてみよう（図 3.7）。

図 3.7　VS Code 上でコミット

　これでコミットができた。これは、ターミナルで

```
git commit -m "commit from VSCode"
```

を実行したことに対応する。

Step8 確認

　ちゃんとコミットされたか、ターミナルから確認してみよう。

```
$ git log --oneline
0c18b48 (HEAD -> main) commit from VSCode
be7533f modifies README.md
dd14099 adds new line
02b8501 initial commit
```

VS Code から作ったコミットが反映されていることがわかる。

　VS Code から Git のほとんどの操作ができるが、まずはコマンドラインから一通りのコマンドを実行できるようになったほうがよい。慣れてきたら VS Code その他の GUI ツールを使うとよいだろう。

第4章 ブランチ操作

Gitは「玉（コミット）」と「線（コミット間の関係）」で構成された「歴史」を管理するツールである。コミットは、その時点でのプロジェクトのスナップショットであり、いつでも任意のスナップショットを呼び出したり、差分を調べたりできる。

さて、この「歴史」を操作する手段として用意されているのがブランチである。ブランチは単に特定のコミットを指すラベルのようなものであることはすでに説明した。Gitでは、このブランチを使って積極的に歴史を分岐、改変させることで開発を進める。

以下では、特になぜブランチが必要か、ブランチを使ってどのように開発を進めるのか、「歴史を分岐、改変する」とはどういうことかについて説明する。

4.1 なぜブランチを分けるか

現代においてソフトウェア開発を完全に1人で行うことはまれであり、多くの場合、開発を複数人で分担する。このとき、複数の開発者が同じソフトウェアに対してばらばらに修正を加えたら混乱が起きてしまう。例えば、AliceとBobの2人で開発するプロジェクトがあったとしよう。Aliceは機能Aを、Bobは機能Bを開発することになった（図4.1）。機能Aの実現には、サブモジュールA1とA2を実装する必要があるが、A1を実装しただけではプログラムが正しく動作せず、A2まで実装して初めて全体として正しく動作する。

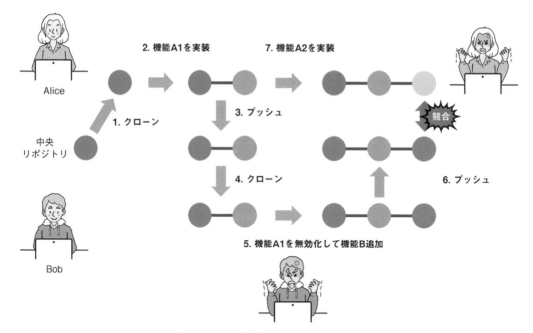

2. 機能A1を実装　　**7. 機能A2を実装**

1. クローン

3. プッシュ

4. クローン

6. プッシュ

5. 機能A1を無効化して機能B追加

競合

Alice

中央
リポジトリ

Bob

図4.1　1つの歴史を共有して開発した場合

　さて、Alice は A1 まで実装し、区切りがよいのでそれをリポジトリにコミット・プッシュした。そのタイミングで Bob が機能 B を実装しようと、リポジトリからソース一式をクローン（ダウンロード）すると[*1]、プログラムが正しく動作しない。やむを得ず、Bob は機能 A1 を無効化するコードを書いたうえで機能 B を追加し、プッシュ（アップロード）した。その状態で Alice がサブモジュール A2 を実装し、コミットしようとすると、リポジトリが Bob によって修正されているから、マージをしようとする。しかし、Bob によって機能 A1 が無効化されている修正が入っていることに気づかず、A2 を追加したのに機能 A が動かず悩むことになる。

　なぜこんなことが起きたのだろうか？　複数人で同じソフトウェアを開発する以上、必ず衝突は発生することになるが、上記の問題は他の開発者も参加しているリポジトリに、中途半端な状態があったことに起因する。自分で開発しているとき、例えばビルドが通らない状態でも、一度家に帰るなどの理由でコミット、プッシュしたくなることはあるだろう。しかし、その状態を他の開発者がクローンすると、ビルドが通らないような状態のリポジトリに困ってしまう。そこで、「他のメンバーが参照するものは中途半端な状態にしない」というルールを作りたくなる。そのために利用するのがブランチだ。

　Git では原則としてデフォルトブランチ（main）では作業せず、作業開始時にブランチを作成し、歴史を分岐させてから開発を進め、やろうと思った作業がまとまったところでデフォルトブランチにマージする、という開発体制をとる。どのようなブランチを、どのようなときに作り、どのように運

[*1]　クローンやプッシュについてはまだ説明していないが、ここではソース一式のダウンロードおよびアップロードすることと思えばよい。詳しくは第8章を参照。

用するかを整理するためのルールが**ワークフロー（workflow）**である。チームやプロジェクトに応じてさまざまなワークフローがあるが、ここでは最も簡単なフィーチャーブランチワークフローについて説明しよう（図4.2）。

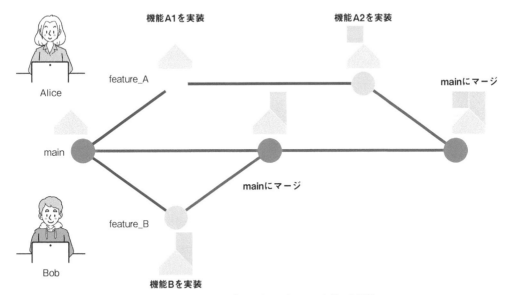

機能A1を実装　　機能A2を実装　　mainにマージ

feature_A

main

mainにマージ

feature_B

機能Bを実装

図4.2　フィーチャーブランチワークフローを用いた開発

　Aliceは機能Aを実装するため、mainブランチからfeature_Aブランチを派生させる。そして、機能A1まで実装し、コミットした。この状態で先ほどと同様、Bobが機能Bの実装を開始したとしよう。Bobが見るのはmainブランチなので、そこからfeature_Bブランチを派生させる。ここで歴史が分岐した。Bobは問題なく機能Bを実装し、mainブランチにマージする。その後、Aliceは機能A2まで実装を完了し、mainにマージしようとすると、Bobにより機能Bが追加されているため、その修正を取り込まなければならない。しかし、特に機能Aと機能Bは競合していなかったため、両方の修正を問題なく取り込んで、mainにマージして、最終的に機能Aと機能Bが実装された。

　このように、追加したい機能ごとに派生したブランチを**フィーチャーブランチ（feature branch）**と呼ぶ。フィーチャーブランチを利用したワークフローをフィーチャーブランチワークフローと呼ぶ。フィーチャーブランチワークフローは、ワークフローのうち最も簡単なものの1つだ。ここで、mainブランチの歴史がマージでしか増えていないことに注意したい。ほとんどのワークフローにおいて、mainには直接コミットをせず、必ずブランチを経由する。ブランチでは中途半端な状態でコミットしてもよいが、mainには「きちんとした状態」にしてからマージする。これにより、mainブランチが常に「まとも」な状態であることが保証される。

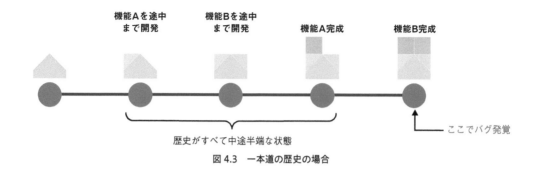

機能Aを途中まで開発　機能Bを途中まで開発　機能A完成　機能B完成

歴史がすべて中途半端な状態

ここでバグ発覚

図 4.3　一本道の歴史の場合

　ワークフローはもともと多人数開発のために用意された開発ルールだが、一人で開発する場合も有用だ。例えば、あるプログラムに、機能 A を追加することにした。機能 A の開発中に、機能 B も必要なことに気がついたので、それも追加することにした。最終的に機能 A、機能 B の両方を実装し終わったときに、プログラムがバグっていることに気がついた。図 4.3 のように「まっすぐな一本の歴史」で開発をしていると、機能 A と機能 B を同時に開発していた場合、開発の「歴史」がすべて中途半端な状態となるため、そのバグがどちらの機能に起因するかわからなくなる。

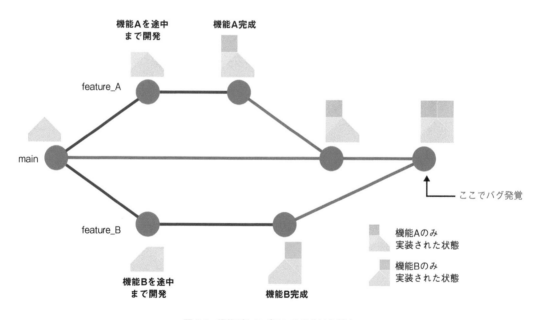

機能Aを途中まで開発　機能A完成

feature_A

main

feature_B

機能Bを途中まで開発　機能B完成

ここでバグ発覚

機能Aのみ実装された状態

機能Bのみ実装された状態

図 4.4　機能ごとにブランチを分けた場合

　一方、もしあなたが普段から「新機能は必ずブランチを派生させる」というルールを守って開発していたとしよう（図 4.4）。
　機能 A を追加するため、feature_A というブランチを作り、途中まで開発を進めた。ここで「あ、機能 B も必要だな」と思ったあなたは、main ブランチに戻ってから feature_B ブランチを作成し、

途中まで開発する。そこで「やっぱり A を完成させておくか」と思って、feature_A ブランチに戻って開発を進め、機能 A を完成させて main にマージする（Fast-Forward マージとなる）。次に、feature_B にブランチへと移って、機能 B を最後まで完成させてから main にマージしたあとでバグに気がついたとする。

　開発の手間は「まっすぐな一本の歴史」とほとんど同じであり、最後のソフトウェアの状態も先ほどと同じだ。しかし、先ほどと異なり、過去の歴史には「機能 A のみ実装された状態」と「機能 B のみ実装された状態」が存在する。それぞれの状態を呼び出してテストしてみれば、どちらがバグの原因になっているかがすぐにわかる。容疑者が少ない分、デバッグ時間も短くなる。

　これは筆者の経験から強く伝えたいことだが、「3 日前の自分」および「3 日後の自分」は他人である。他人と開発するのであるから、単独開発であっても多人数開発と同様な問題が発生する。一人で開発しているにもかかわらず、いちいちブランチを切るなど面倒だと思うかもしれない。しかし、「ブランチを切ってマージする手間」に比べて、「何か問題が起きたときにブランチを切っていたことで軽減される手間」を比べると、後者のほうが圧倒的にメリットが大きい。何より問題なのは、デバッグのために「すべて中途半端な状態の歴史」と格闘している人が、「ブランチを切っていたらこの手間が軽減されていた」という可能性に気づかないことだ。Git を使えば開発が便利になるのではない。開発が便利になるように Git を使うことを心がけなければならない。

4.2　ブランチの基本

4.2.1　カレントブランチとコミット

　まず、ブランチとコミットについておさらいしておこう。Git が管理する歴史はコミットがつながったものであり、そのコミットに付けた「ラベル」がブランチだ。特に「いま自分が見ている」場所を指すブランチをカレントブランチと呼ぶ。どのブランチがカレントブランチかを示すのが HEAD である。また、コミットとは、新たにコミットを作り、それまで見ていたコミットにつなげる操作だが、「それまで見ていたコミット」とは、「HEAD が指しているブランチが指しているコミット」のことを指す。

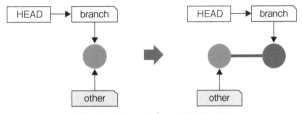

図 4.5　カレントブランチと HEAD

　図 4.5 にコミットによりブランチが移動する様子を示す。いま、カレントブランチが branch だとしよう。カレントブランチとは、HEAD というラベルが指すブランチのことなので、HEAD は branch を指している。あるブランチ branch が、別のブランチ other と同じコミットを指していたとする。

この状態でコミットをすると、新たにコミットが作られ、カレントブランチが指すコミットにつなげられることで歴史が伸びる。そして、カレントブランチは新たに作られたコミットを指す。具体的には、HEAD が branch を指したまま、branch が新たにできたコミットを指す。このとき、カレントブランチ以外のブランチは移動せず、歴史の先端から取り残される。この状態でカレントブランチを other に変更してから新たにコミットをすると、歴史が分岐することになる。

4.2.2　コミットと差分

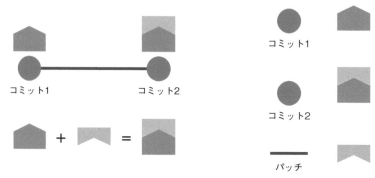

図 4.6　コミット間の差分

　Git のコミットは、自分の親コミットを覚えており、それをたどることで歴史をたどることができる。いま、コミット 1 からコミット 2 が作られたとする（図 4.6）。コミット 2 にとってコミット 1 は親コミットになる。このとき、それぞれのコミットはその時点でのスナップショットを表しているが、玉と玉をつなぐ線は差分（パッチ）を表している。玉と線からなる歴史は、1 つ前の玉が表すコミットに、線が表すパッチを適用することで、次のコミットが得られる、と解釈できる。この、**コミットの間の線は差分（パッチ）を表す** という事実は Git の理解に必要不可欠なので覚えておいてほしい。

4.2.3　ブランチの作成と切り替え

　ブランチは git branch で作ることができる。ブランチはコミットに付けるラベルであるから、任意のコミットを指定して作ることができる。

```
git branch ブランチ名 ブランチを付けたいコミット
```

　ブランチを付けたいコミットは、コミットハッシュの他、別のブランチでも指定できる。
　しかし、一番よく使われるのは、カレントブランチに別名を与えることだ。その場合は、git branch にはブランチ名のみを指定すればよい。

```
git branch ブランチ名
```

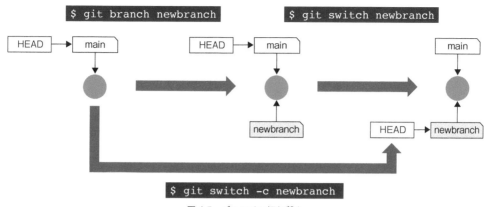

図 4.7 ブランチの切り替え

　図 4.7 にブランチを作成し、切り替える様子を示す。最初、カレントブランチは main であり、HEAD は main ブランチを、main ブランチはコミットを指している。この状態で

```
git branch newbranch
```

を実行すると、newbranch というブランチが作られ、カレントブランチが指しているコミットを指す。
　この状態では、同じコミットに 2 つのブランチが付いただけだ。この状態で、「いま見ているブランチ」を newbranch に切り替えよう。ブランチの切り替えは git switch を使う。

```
git switch newbranch
```

　これで、HEAD が main から newbranch を指すようになった。この状態で何か修正してコミットをすると、HEAD と newbranch は新しいコミットに移動するが、main は取り残される。つまり、新しいブランチを作成して切り替える作業は、作業前の状態がどのコミットであったかを保存しておく、という意味を持つ。
　なお、git switch に -c オプションを付けると、ブランチの作成と切り替えを同時に行ってくれる。

```
git switch -c newbranch
```

これは以下の一連のコマンドと等価だ。

```
git branch newbranch
git switch newbranch
```

通常の作業では git switch -c を使うことが多いだろう。
また、引数として「新しいブランチ」「作成元ブランチ」の 2 つを指定することで、作成元ブラン

チが指すコミットに新しいブランチを貼り付けることができる。リモート追跡ブランチからローカル
ブランチを作るときに使うことが多い。

```
git branch origin/branch
```

これにより、リモート追跡ブランチ origin/branch から branch を作ることができる。リモート
追跡ブランチについては後述する。なお、ローカルに branch が存在せず、origin/branch が存在
する状態で

```
git switch branch
```

を実行すると、origin/branch から branch が作成され、それがカレントブランチとなる。すなわち、

```
git branch origin/branch
git switch branch
```

と同じ意味になる。

4.3　マージと衝突の解消

4.3.1　マージ

　Git での開発は原則として機能単位でブランチを作成し、その機能の実装が終わったらそれを
main ブランチに取り込む。そのために行うのがマージという作業だ。マージとは、マージ対象とな
る 2 つのブランチの共通祖先を見つけ、そこからの修正をすべて取り込んだ新たなコミットを作る
作業である。マージのためのコマンドが git merge だ。

```
git merge ブランチ名
```

　このように引数にブランチ名を指定して実行すると、カレントブランチに、指定したブランチの修
正を取り込む。マージ実行後、カレントブランチは最新のコミットを指すが、マージ元のブランチは
そのままになる。なお、git merge でブランチ名を省略すると、マージ元として上流ブランチを指
定したことになるが、上流ブランチについては後述する。

カレントブランチがマージしたいブランチの直接の祖先であるとき

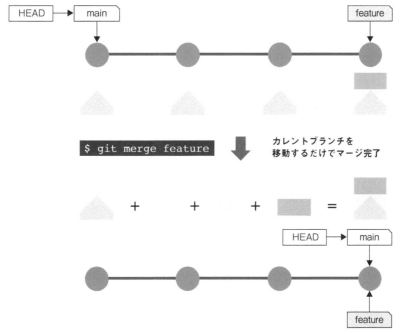

$ git merge feature

カレントブランチを
移動するだけでマージ完了

図 4.8　Fast-Forward マージ

　マージには Fast-Forward マージと、Non Fast-Forward マージがある。まず、Fast-Forward マージを行う様子を見てみよう（図 4.8）。いま、feature ブランチで作業が終わったとする。個人開発の場合、ブランチで作業している間に main ブランチが修正されることは少ないであろう。その場合、main ブランチが feature ブランチの直接の祖先を指している。ここで、玉はスナップショットを、線はスナップショット間の差分（パッチ）を表現していることを思い出そう。マージとは、「共通祖先である玉から伸びる線が表す差分を次々と適用していく」という作業だ。いま、main ブランチと feature ブランチの共通祖先は main ブランチそのものであるから、main ブランチが指すコミットからの修正をすべて取り込んだスナップショットとは、現在 feature ブランチが指しているコミットと同じものになる。したがって、単に main ブランチを feature ブランチが指すコミットに移動させれば、修正を取り込んだことになる。これが Fast-Forward マージであった。

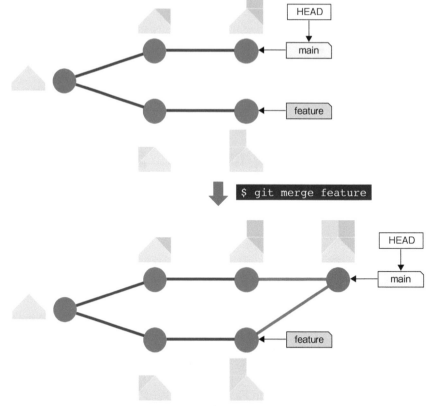

図 4.9　歴史が合流するマージ

　次に、歴史が分岐している場合のマージを考えよう（図 4.9）。いま、main と feature で、それ
ぞれ歴史が進んでいる。この状態で main から feature に対してマージをかけると、2 つの歴史を 1
つにするような新たなコミット（マージコミット）を作る。

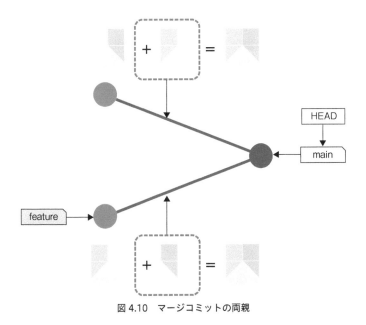

図 4.10　マージコミットの両親

　このとき作られたマージコミットには親コミットが 2 つある（図 4.10）。ここで、それぞれの線は、それぞれの親からの差分を表している。

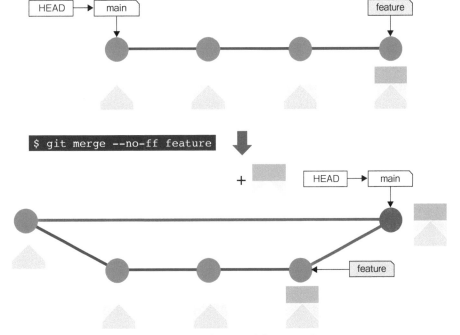

図 4.11　マージコミットを作ってマージ

　なお、git merge に --no-ff オプションを付けると、Fast-Forward マージが可能な場合でもマージコミットを作る（図 4.11）。この場合、新たにコミットが作られ、main はそこに移動する。新たに作られたコミットには 2 つの親コミットができる。1 つはもともと main が指していたコミットで、そのコミットとの差分は feature ブランチに至るまでの差分をすべてまとめたものとなっている。もう 1 つの親は feature が指しているコミットだが、スナップショットが同じなので差分はない。

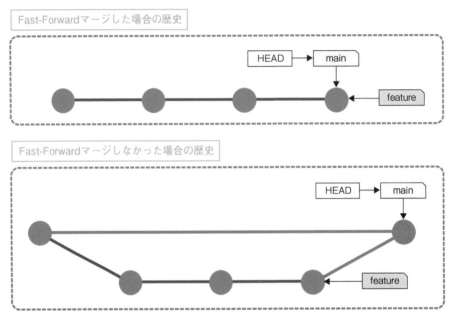

図 4.12　Fast-Forward マージした場合とマージコミットを作る場合

　Fast-Forward マージが可能であるときに、Fast-Forward マージをした場合と、マージコミットを作ってマージする場合の比較を図 4.12 に示す。Fast-Forward マージすると歴史が一本になって見やすいが、どこから分岐したかの情報が失われ、マージを取り消しづらい。一方、マージコミットを作ると、歴史が分岐、合流するものの、feature ブランチで開発された機能がどこから分岐したものかの情報が残り、マージ前へと簡単に戻ることができる。どちらのメリット／デメリットを重視するかは開発チームの方針によるが、ここではそういう違いがあるということだけ覚えておくとよい。

　機能を開発する際、その機能に対応するブランチの上で作業をすることになるが、デバッグのために途中経過のようなコミットも作るであろう。それをそのままメインブランチにマージしてしまうと、中途半端な状態のコミットが歴史に残ってしまう。その途中にあるコミットをまとめてマージするのが git merge --squash である。

　例えば、いま機能 A を追加するために、feature_A というブランチを作って作業をしたとしよう。機能 A の実装は「クライアント側のモジュール（A1）を作る」「サーバ側のモジュール（A2）を作る」「ドキュメント（Doc）を更新する」の 3 つのサブタスクからなる。担当者は、サブタスクが完了するたびにコミットを作ったので、3 つコミットができた。いま、main には歴史が追加されておらず、

このまま Fast-Forward マージができる状況だ（図 4.13）。

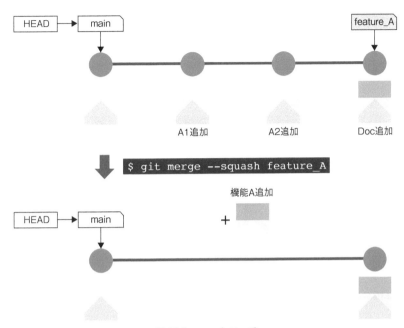

図 4.13　squash マージ

　しかし、これらのサブタスクは、全体から見える必要はない。例えば「機能 A のクライアント側のモジュール A1 だけができた状態」をあとから参照する必要はない。むしろ、中途半端な状態が歴史に含まれていると、あとでテストが失敗するなどして悪影響を及ぼす。そこで、これらのコミットをまとめて「機能 A を実装した」という情報だけをメインの歴史に追加するため、merge --squash を使う。今回のケースでは、カレントブランチが main である状態で以下のコマンドを実行する。

```
git merge --squash feature_A
```

　すると、main ブランチと feature_A ブランチの差分が 1 つにまとめられたスナップショットが作られ、ステージングされた状態となる。その後コミットすれば、1 つの玉で「機能 A が追加された」という歴史が表現される。

4.3.2　ブランチの削除

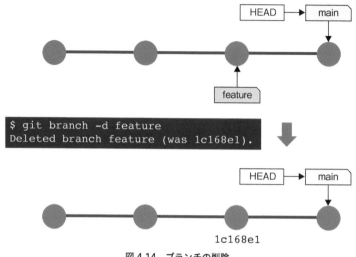

図 4.14　ブランチの削除

　マージが終わり、不要となったブランチは git branch -d ブランチ名で削除できる。あくまでも
ラベルが削除されるだけであり、それが指していたコミットはそのまま残る。例えば、すでにマージ
済みの feature ブランチを削除した場合、そのブランチがどのコミットを指していたかが表示され
る（図 4.14）。

```
$ git branch -d feature
Deleted branch feature (was 1c168e1).
```

　この例では、feature ブランチは 1c168e1 というコミットを指していた。ブランチを削除しても
コミットが消えるわけではないので、このコミットハッシュを指定してまたブランチを付けたり、差
分を表示するなどの作業ができる。

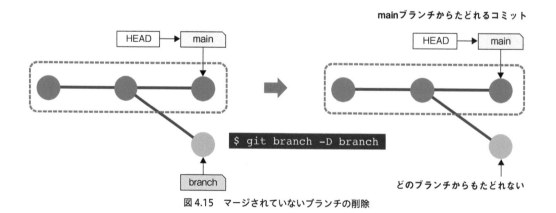

図 4.15　マージされていないブランチの削除

　一方、ブランチがマージされていないコミットを指していた場合にそのブランチを削除してしまうと、コミットハッシュを覚えていない限りそのコミットにアクセスする手段がなくなる（図 4.15）。そのような場合にブランチを削除しようとすると、以下のようなエラーメッセージが表示される。

```
$ git branch -d branch
error: The branch 'branch' is not fully merged.
If you are sure you want to delete it, run 'git branch -D branch'.
```

　エラーメッセージにあるように、git branch に -D オプションを付けると強制的に消すことができる。

```
$ git branch -D branch
Deleted branch branch (was f59b8e4).
```

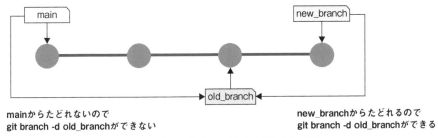

main からたどれないので
git branch -d old_branch ができない

new_branch からたどれるので
git branch -d old_branch ができる

図 4.16　カレントブランチからたどれるかの違い

　なお、このエラーが出る条件は、「カレントブランチからたどることができる歴史のコミットを指しているか」である。したがって、図 4.16 のような歴史がある場合、カレントブランチが main であるときには old_branch は git branch -d では消せないが、カレントブランチが new_branch であるときには消すことができる。

4.3.3　衝突

　歴史が分岐している状態でマージすると、Git は可能な限り、両方の修正を取り込んでマージしようとする。このとき、異なる歴史で同じファイルを修正していた場合でも、それが異なる場所であると判断された場合は、両方の修正を取り込んだコミット（マージコミット）を作る（図 4.17）。

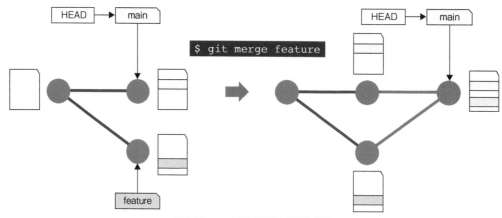

図 4.17　マージが自動的に可能な場合

　しかし、同じファイルの同じ場所が修正されていた場合、Git はどのようにマージすればよいかわからず、マージコミットを作ることができない。この状態を衝突と呼ぶ。

　例えば、main と feature ブランチの両方で、同じファイル test.txt を修正していたとしよう。この状態で main から feature をマージしようとすると、Git は衝突を検出し、ユーザに対応を求める。

```
$ git merge feature
Auto-merging test.txt
CONFLICT (content): Merge conflict in test.txt
Automatic merge failed; fix conflicts and then commit the result.
```

　例えば test.txt は、以下のような状態になっている。

```
Hello Merge!

<<<<<<< HEAD
This line is modified on main.
=======
This line is modified on feature.
>>>>>>> feature
```

　これは、カレントブランチ（HEAD）で、

```
This line is modified on main.
```

と修正した部分が、feature ブランチで

```
This line is modified on feature.
```

となっているよ、という意味だ。ユーザはこれを見て、両方の修正を取り込んだ状態にして test.
txt を保存し、git add してから git commit する。

```
git add test.txt
git commit -m "merged feature"
```

　複数のファイルが衝突していた場合も同様だ。衝突が起きた場合、自動でマージコミットを作れな
かったのだから、手動でマージコミットを作る必要がある。git add を使ってインデックスにマー
ジコミットのあるべき姿を作ったら、最後に git commit によりコミットする。すると、そのとき
インデックスにあった状態がマージコミットとなり、マージが完了する。

4.4 　まとめ

　Git はブランチを利用して、積極的に歴史を改変する。一人で開発する場合はずっと main ブラン
チで作業しがちだが、個人開発であっても、機能ごとにブランチを切って作業し、マージする癖をつ
けたほうがよい。なぜならブランチを切ると「いま自分がどんな作業をしようとしているのか」が明
確になるからだ。作業が明確になれば、ゴールも明確になる。作業中に別の作業がやりたくなった場
合は、別のブランチで作業をすべきだ。一度に複数の作業を同時に行うと、あとで混乱し、大きく時
間をロスしてしまう。「main ブランチに直接コミットしない」というルールを守るだけで、開発がス
ムーズになることであろう。

4.5 　演習問題

衝突の解決
　ある詩人が、ロバの上で詩を作っていたが、「僧は推す、月下の門」とするか「僧は敲く、月下の門」
とするか迷って、都の長官、韓愈の列に突っ込んでしまった。git merge でどちらにするか決断し
てあげよう。

Step1 　リポジトリのクローン
　演習用のリポジトリ merge-sample をクローンせよ。

```
cd
cd github-book
git clone https://github.com/kspub-github-book/merge-sample.git
cd merge-sample
```

Step2 ブランチの準備

origin/knock が存在することを確認せよ。

```
git branch -vva
```

origin/knock から knock ブランチを作成せよ。

```
git branch knock origin/knock
```

Step3 差分確認

main ブランチと、knock ブランチの差分を確認せよ。

```
git diff knock
```

Step4 マージと、マージの中止

main ブランチから、knock ブランチをマージせよ。

```
git merge knock
```

poetry.txt で衝突が起きたはずだ。中身を確認せよ。

```
cat poetry.txt
```

以下のような表示となるはずだ。

```
賈島赴挙至京、
騎驢賦詩、
<<<<<<< HEAD
得「僧推月下門」之句。
=======
得「僧敲月下門」之句。
>>>>>>> knock
```

一度マージを中止して元に戻ることを確認しよう。

```
git merge --abort
cat poetry.txt
```

Step5 マージと衝突の解決

次は衝突を解決し、マージを実行しよう。

```
git merge knock
```

衝突が起きるはずなので、韓愈のアドバイス通り「推」ではなく「敲」のほうを残して保存せよ。手で修正してもよいが、VS Code の「フォルダーを開く」でこのディレクトリ github-book/merge-sample を開き、そのうえで poetry.txt を開くと、マージのオプションが表示されるので、そこから「入力側の変更を取り込む」を選ぶことで knock ブランチ、すなわち「敲」のほうが採用される。

エディタでファイルを修正し、保存したあと、

```
git add poetry.txt
git commit -m "merge"
```

を実行し、マージを完了させよ。

Step6 最終確認

以下のコマンドでマージが完了した状態の歴史を表示し、正しく歴史が統合されたことを確認せよ。

```
$ git log --all --graph --oneline
*   2bf5eae (HEAD -> main) merge
|\
| * 358d9a9 (origin/knock, knock) knock
* | da1cfc6 (origin/main, origin/HEAD) push
|/
* 93f6b93 initial commit
```

上記のように、一度分岐した歴史がまた合流している様子が見られたら成功である。

枝は切るのか生やすのか

　Git で新たにブランチを作成することを英語では「branch」と言う。branch は自動詞であり、「枝分かれする」といった意味だ。一方、日本語ではブランチを作成することを「ブランチを切る」と呼ぶことが多い。枝を生やす作業に「切る」という動詞をあてるのはいかにも不思議だが、日本語では何かを新たに作ったり発行したりする作業を「切る」と呼ぶことが多い。

　例えば注文が入ったときに「伝票を切る」と言う。これは伝票が複数枚綴りになっており、発注が入るたびに切り取って使うことからそう言うようになったと思われる。大学では学生が書籍や論文などを読み、その内容を他のメンバーにわかりやすく説明するという研究教育活動があるが、発表者が参加メンバーに配る要旨のことを「レジュメ」と呼ぶ。このレジュメを用意することも「レジュメを切る」と表現する。内容を要約するために「他の部分を切る」ことに由来する説や、学生運動で配るビラを作る際に「ガリ版を切る」ことに由来する説などがあるらしい。同様に仕様を作成することも「仕様を切る」と表現することがある。

　交通違反をした場合、お巡りさんに違反切符を切られてしまうが、違反切符は複写式であり、記入後に一枚目を切り取って違反者に渡すことから、交通違反切符を発行することを「切符を切る」と言う。ソフトウェア開発でこれに近いものとして「チケットを切る」という表現がある。チケットとはプロジェクトにおいて何をすべきか、何が問題であるかが記載されたもので、例えばソフトウェアにバグが見つかったとき、「このバグを修正する」という課題をチケットとして発行、管理する。課題をチケット単位で管理することで、問題が忘れられたり、誰が担当しているかわからなくなったりしないようにするのが目的だが、このチケットを新たに作成することを「チケットを切る」と呼ぶ。一般に Git では 1 つの課題に対して 1 つのブランチを割り当てて開発するため、チケットに対応したブランチを「切る」ことになる。そういう意味で「ブランチを切る」の「切る」は「チケットを切る」の切るに近いのかもしれない。

　なお、「ブランチ」は日本語で枝のことだが、例えば探索木において不要な枝を切ることは「枝を切る」とは言わずに「枝を刈る」と言う。日本語は難しい。

第5章 リベース

本章で学ぶこと

Git において歴史とは単なる作業記録ではなく、あとで参照するためのものだ。記録を雑多な形で残しておくとあとで苦労するので、なるべくきれいな形で整理しておきたい。Git にはそのためにコミットをまとめてきれいな形にしてマージする方法がいくつか提供されている。1つはすでに説明した merge --squash である。もう1つの方法が本章で説明するリベースである。以下では、このリベースについて説明する。

5.1 リベースの仕組み

リベース（rebase）とは、

- カレントブランチとリベース先のブランチの共通祖先から
- カレントブランチまでの修正を
- リベース先のブランチにぶら下げる

という操作である。

いま、main と branch ブランチがあり、歴史が分岐しているとしよう（図5.1）。この状態で branch ブランチから main にリベースをするには、カレントブランチが branch の状態で

```
git rebase main
```

を実行する。すると、共通祖先のコミットから branch ブランチにつながる2つのコミットが、main の先に移動する。

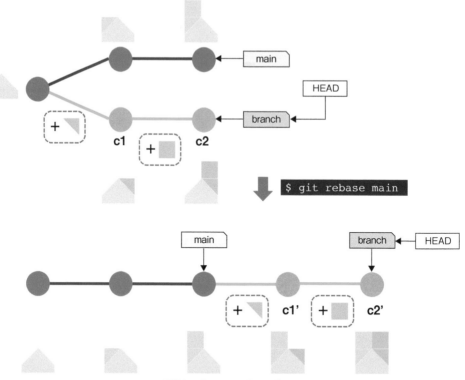

$ git rebase main

図 5.1　リベースのイメージ

　まるで 2 つの玉（コミット）が移動したように見えるが、branch につながるコミットの間から「パッチ」を取り出し、それを順番に適用することで新たにコミットを作っているため、もともと branch にぶら下がっていたコミット c1、c2 と、リベース後に branch からぶら下がる c1'、c2' は異なるスナップショットを表している。一方、c1 や c1' から親コミットに向かって伸びる線が表す差分は変わっていないことがわかる。すなわち、「リベースとは、玉（コミット）ではなく、線（パッチ）を移動する操作である」と理解できる。

5.2　リベースとマージ

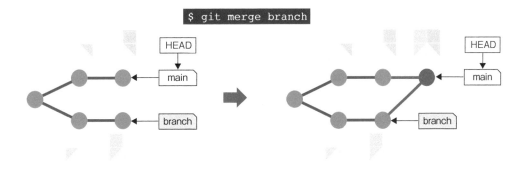

図 5.2　マージとリベースの比較

　図 5.2 に、マージとリベースの違いを示す。もともとフィーチャーブランチである branch は main ブランチから派生したものだが、開発中に main ブランチの歴史が進み、歴史が分岐した状態になっている。ここで、フィーチャーブランチの修正を main に取り込むため、main からマージを実行すると、2 つの歴史が合流する。

　一方、フィーチャーブランチから main ブランチに対してリベースを実行すると、main ブランチの修正がフィーチャーブランチに取り込まれ、歴史が一本になる。このとき、リベースにより main ブランチは変更を受けないことに注意しよう。main にフィーチャーブランチの修正を取り込むには、リベース後でマージする必要がある。歴史が一本になっているため、これは Fast-Forward マージとなる。以上のように、リベースはマージの前に行う前処理である。

　フィーチャーブランチの修正を取り込むのに、マージするか、リベースするか、マージも --squash するか、--no-ff するかしないかなどいろいろ流儀がある。それぞれメリット、デメリットがあるため、所属チームのルールに従ってほしい。

5.3　対話的リベース

　実際の運用では、git rebase をそのまま使うことより、git rebase -i で対話的に使うことが多いであろう。このようなリベースを**対話的リベース (interactive rebase)** という。git rebase に -i オプションを付けると、移動する予定のそれぞれのコミットについてどうするかを聞かれる。

　例えば、カレントブランチが branch であるときに、

```
git rebase -i main
```

と main ブランチに対して対話的なリベースを実行すると、エディタが開き、以下のような画面が表示される。

```
pick d6f185f c1
pick b2b0b0b c2

# Rebase e9c8c91..b2b0b0b onto e9c8c91 (2 commands)
```

　今回は、main と branch の共通祖先であるコミットから、branch が指すコミットまで、2 つのコミットがあり、それらに対する対応を選ぶ。対応にはさまざまなものがあるが、よく使うのは

- pick：そのままコミットを使う
- squash：コミットを使うが 1 つ前のコミットと融合する

であろう。デフォルトは pick であり、-i を付けずにリベースをした場合は、リベース対象となっている玉がすべてリベース先に移動する。

　一方、squash を選ぶと、そのコミットが表すパッチは採用するが、コミットとしては前のコミットにまとめられる（図 5.3）。この場合も、「玉（コミット）をまとめる」というよりは、「線（パッチ）をまとめる」操作であることがわかる。また、コミットを使わずに消したり、コミットの順序を入れ替えることもできる。

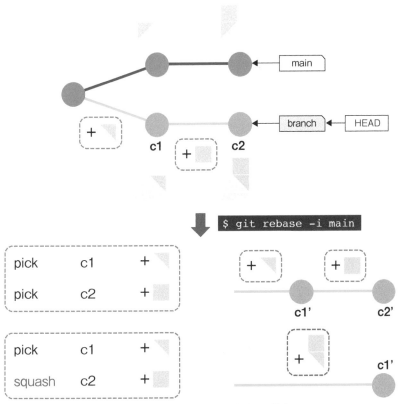

図 5.3　リベースで squash を指定した場合

5.4　リベース中の衝突

　マージが 2 つのブランチの修正を一度に取り込む作業であったのに対して、リベースはリベース先（main であることが多い）に次々とパッチをあてていく作業だ。したがって、衝突が起きたとき、マージなら衝突の解決を一度だけ行えばよかったのに対して、リベースは何度も衝突する可能性があり、そのたびに対応する必要がある。その際、「リベースは、修正を次々と適用して新しいコミットを作っている」という感覚を持つと対応がイメージしやすい。マージで衝突した場合、Git が自動でマージコミットを作れなかったのだから、人間が手で作ったのと同様に、リベースで衝突した場合も、自動で作れなかったコミットを人間が作ってやる必要がある。自分で「いまこの部分のコミットを作っている」とイメージし、インデックスにそのコミットがあるべき姿になるように修正、git add して、git commit したあと、git rebase --continue によりリベース作業を再開すればよい。

　また、リベース中に衝突すると、いわゆる頭が取れた（detached HEAD）状態となるために焦りやすい。焦った状態でいろいろ作業すると傷口を広げやすいため、想定外の衝突が起きた場合はまず

```
git rebase --abort
```

により、一度リベース作業を中断するとよい。その後、`git diff` などを使ってどこで衝突するかを調べて、改めてどのようにリベースするかを考えるとよい。もし職場での作業なら、近くの Git に詳しい人へ助けを求めるのもよいだろう。

5.5　まとめ

　Git は積極的に歴史を改変することで効果的に開発を進めるツールであり、リベースはその歴史改変の手段の 1 つである。機能を追加する際、フィーチャーブランチを作って作業をするであろう。その作業をマージする際、どのようにマージすべきか、マージする前にリベースすべきかどうかは所属チームのルールによる。ただし、慣れないうちはリベース中の衝突は混乱しがちだ。個人開発の場合、とりあえずリベースはせずマージだけで運用し、慣れてきたあたりでリベースを使ってみるとよい。

5.6　演習問題

5.6.1　リベースによる歴史改変

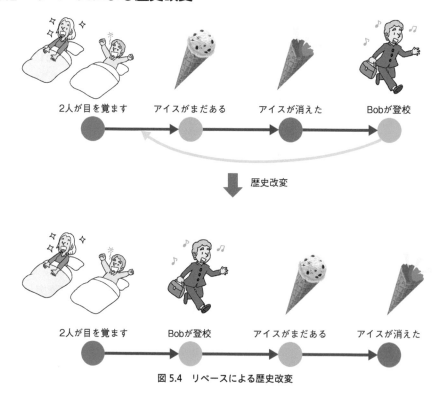

図 5.4　リベースによる歴史改変

AliceとBobは姉弟だ。Aliceは朝起きて冷凍庫にお気に入りのアイスがあることを確認してから朝ご飯を食べていた。その後、Bobがアイスをたべてしまったこのままでは、BobがAliceのアイスを食べたことがバレてしまい、大目玉だ。git rebaseにより歴史を改変し、Bobにアリバイを作ってあげよう（図5.4）。

Step1 リポジトリのクローン

演習用のリポジトリ rebase-history-sample をクローンせよ。

```
cd
cd github-book
git clone https://github.com/kspub-github-book/rebase-history-sample.git
cd rebase-history-sample
```

Step2 歴史の確認

現在の歴史を確認しよう。

```
$ git log --oneline
b6f729a (HEAD -> main, origin/main, origin/HEAD) Bob headed off to school.
f1ecd8d Ice cream was gone.
de96bad The ice cream was still there.
9e6dca2 (origin/start) The two woke up.
```

時間は「下から上」に流れている。したがって、現在の歴史は

1. AliceとBobが目を覚ます
2. Aliceがアイスを確認する
3. Aliceはアイスがなくなっていることに気づく
4. Bobが学校へ行く

となっている。alice.txtとbob.txtには、それぞれの行動が記されている。差分を見てみよう。

```
$ git diff HEAD^
diff --git a/bob.txt b/bob.txt
index a069050..b8d8191 100644
--- a/bob.txt
+++ b/bob.txt
@@ -1 +1,2 @@
 Bob woke up.
+Bob headed off to school.
```

1つ前の歴史ではBobが目を覚まし、次の歴史でBobが学校へ行った、という行動が記されている。1つ前と、2つ前の歴史を見てみよう。

```
$ git diff HEAD^^ HEAD^
diff --git a/alice.txt b/alice.txt
index 0add96b..a700fad 100644
--- a/alice.txt
+++ b/alice.txt
@@ -1,2 +1,3 @@
 Alice woke up.
 Alice checked the ice cream in the refrigerator.
+Alice noticed that the ice cream was missing from the refrigerator.
```

「Alice はアイスがなくなっていることに気づく」という Alice の行動が記述されている。

さて、このままでは Bob が Alice のアイスを食べたことがバレてしまい、大目玉をくらう。git rebase で歴史を改変してアリバイを作ってあげよう。

Step3 ブランチの作成

2 人が起きた時点にブランチを作る。すでに origin/start が「2 人が起きたときのコミット」を指しているので、そこからローカルブランチを作ろう。

```
git branch start origin/start
```

Step4 コミットの入れ替え

main ブランチから start ブランチに対してリベースをする。

```
git rebase -i start
```

Vim が起動し、こんな画面が表示されたはずだ（さらに下に # で始まる行があるが無視してよい）。

```
pick de96bad The ice cream was still there.
pick f1ecd8d Ice cream was gone.
pick b6f729a Bob headed off to school.
```

これを順序を入れ替えて以下の状態にせよ。

```
pick b6f729a Bob headed off to school.
pick de96bad The ice cream was still there.
pick f1ecd8d Ice cream was gone.
```

Vim で入れ替えるには、以下の手順をとる。

1　「j」と「k」でカーソルを上下に移動し、「Bob headed off to school.」の行に合わせる
2　「dd」と入力し、3 行目を切り取る
3　「k」を数回入力し、カーソルを一番上に移動する

4 「p（シフトキーを押しながら p）」を入力し、行の一番上に先ほど切り取った行を貼り付ける

5 「ZZ（シフトキーを押しながら Z を 2 回）」を入力し、歴史改変を終了する

改変された歴史の確認

歴史が無事に改変されたか確認しよう。

```
$ git log --oneline
469ce60 (HEAD -> main) Ice cream was gone.
65552f7 The ice cream was still there.
650e6bd Bob headed off to school.
9e6dca2 (origin/start, start) The two woke up.
```

最初以外のコミットハッシュは変更されるので注意。歴史は以下のように改変された。

1 Alice と Bob が目を覚ます

2 Bob が学校へ行く

3 Alice がアイスを確認する

4 Alice はアイスがなくなっていることに気づく

　Bob が学校へ行ったあとにアイスがあるのだから、Bob はアイスを食べることができない。すなわちアリバイが成立し、Alice に怒られることはなくなった。

　alice.txt と bob.txt には、それぞれの行動が記されている。差分を見てみよう。

```
git diff HEAD^
git diff HEAD^^ HEAD^
git diff HEAD^^^ HEAD^^
```

　これで 1 つずつ歴史をさかのぼることができる。「Alice はアイスがないことに気づく」「Alice がアイスの存在を確認する」「Bob が学校に行く」という歴史になっていることがわかるだろう。

5.6.2　リベースによる衝突の解決

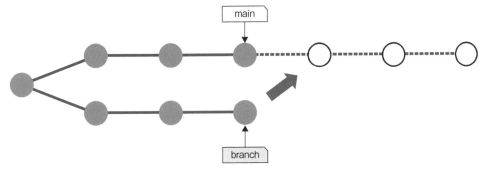

図 5.5　リベースにより衝突が起きる場合

　マージで衝突が起きる場合、衝突は一度だけ解決すればよいが、リベースの場合は何度も衝突する場合がある。また、衝突時に「頭が取れた (detached HEAD)」状態になるため、初見では慌てやすい。以下では図 5.5 のように、共通の祖先から main ブランチと branch ブランチが枝分かれした状態から、branch の枝を main にぶら下げる形でリベースを行う。その際、衝突が起きることを確認し、衝突を解決してリベースを続行する。

Step1 リポジトリのクローン

　演習用のリポジトリ rebase-conflict-sample をクローンせよ。

```
cd
cd github-book
git clone https://github.com/kspub-github-book/rebase-conflict-sample.git
cd rebase-conflict-sample
```

Step2 ブランチの準備

　リモートブランチ origin/branch からローカルブランチ branch を作成せよ。

```
git switch branch
```

　プロンプトのカレントブランチ表示が branch となっていることを確認すること。

　本来、git switch branch というコマンドは、すでに存在している branch というブランチをカレントブランチにする、という命令だが、Git はもし branch が存在せず、origin/branch が存在する場合、自動的に origin/branch から branch を作成し、branch をカレントブランチとする。

　明示的に origin/branch から branch を作成し、branch をカレントブランチとするコマンドは

```
git switch -c branch origin/branch
```

であり、先ほどの git switch branch はその省略形になっている。

Step3 歴史の確認

　現在の歴史が分岐していることを確認せよ。

```
git log --all --graph --oneline
```

　実行結果は以下のようになる。

```
* 39a4e43 (origin/main, origin/HEAD, main) m3
* 3aed067 m2
* 1fb2e38 m1
```

```
| * 596d190 (HEAD -> branch, origin/branch) f3
| * 8f1d6d2 f2
| * ae5d52c f1
|/
* 69ce105 root
```

これは、図 5.6 の状態をテキストで表現したものになっている。

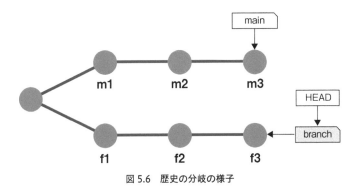

図 5.6　歴史の分岐の様子

Step4　リベースの実行

branch から main に対してリベースを実行し、衝突が発生することを確認せよ。

```
$ git rebase main
Auto-merging text1.txt
CONFLICT (content): Merge conflict in text1.txt
error: could not apply 8f1d6d2... f2
```

上記のようなメッセージが表示されたはずだ。これは、f2 を適用する際に衝突し、自動的に解決できなかった状態であることを示している。

Step5　状態の確認

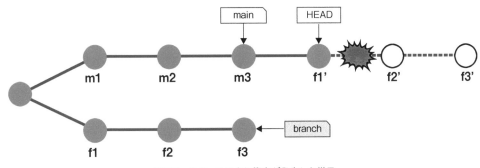

図 5.7　リベースにより衝突が発生した様子

現在の状態を確認せよ。

```
git status
```

いまリベース中であり、HEAD が直接コミットを指している（detached HEAD 状態にある）ことがわかる。この状態を図解すると、図 5.7 のようになる。

Step6 衝突の解決

VS Code で衝突状態にあるファイル（text1.txt）を修正し、衝突を解決せよ。VS Code の「フォルダーを開く」から rebase-conflict-sample フォルダを開き、さらに text1.txt を開くと衝突箇所が表示されている。このような表示になっているはずだ。

```
Text1:
<<<<<<< HEAD
The way to get started is to quit talking and begin doing.
It's kind of fun to do the impossible.
The flower that blooms in adversity is the rarest and most beautiful of all.
=======
If you can dream it, you can do it.
>>>>>>> 8f1d6d2 (f2)
```

この <<<<<<< HEAD や =======、>>>>>>> 8f1d6d2 (f2) を削除して、以下のような文章を完成させよう。

```
Text1:
The way to get started is to quit talking and begin doing.
It's kind of fun to do the impossible.
The flower that blooms in adversity is the rarest and most beautiful of all.
If you can dream it, you can do it.
```

VS Code で開いた場合はマージオプションが表示されている。今回は「両方の変更を取り込む」をクリックすれば、自動的に両方の修正を取り込むことができる。
修正が終わったらファイルを保存すること。

Step7 解決を Git に伝える

解決が終わったら git add、git commit を実行し、Git に衝突の解決を伝えよう。

```
git add text1.txt
git commit -m "f2"
```

コミット実行時に detached HEAD と表示されることに注意。

リベースの続行

残りのリベースプロセスを続行しよう。

```
git rebase --continue
```

実行後、以下のように表示されれば成功である。

```
Successfully rebased and updated refs/heads/branch.
```

これでリベースが最後まで実行された。

Step9 最終確認

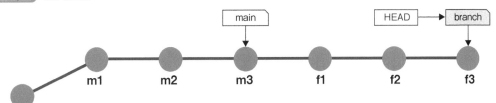

図 5.8 リベースにより一本道となった歴史

以下のコマンドでリベースが完了した状態の歴史を表示せよ。

```
git log --oneline --graph
```

実行結果は以下のようになる。

```
* aae6b38 (HEAD -> branch) f3
* 47364c1 f2
* 8c91ee6 f1
* 39a4e43 (origin/main, origin/HEAD, main) m3
* 3aed067 m2
* 1fb2e38 m1
* 69ce105 root
```

Step 3 では歴史が分岐していたが、リベース後は図 5.8 のように歴史が一本道になっている。

第5章

第**6**章　Git の便利な使い方

✎ **本章で学ぶこと**

　Git を使っていると、たまに「しまった！」と思うことがある。Git に慣れていないとトラブルが起きたときに何が起きたかわからず、適切に対処することが難しい。以下ではありがちなトラブルとその対処について説明する。

6.1　トラブルシューティング

6.1.1　コミットメッセージを間違えた（`git commit --amend`）

Git はコミットの際にメッセージを付けることが必須であるが、コミットしたあとに「あ！　打ち間違えた！」と思うことがある。

例えば test.txt を修正し、git add、git commit したとしよう。

```
git add test.txt
git commit -m "updaets test.txt"
```

そしてコミット直後に「あ！　updates を打ち間違えている！」と気づくが、すでに歴史に間違いが刻まれてしまった。

```
$ git log --oneline
8f7d4f8 (HEAD -> main) updaets test.txt
78efaf0 initial commit
```

このままではとてもかっこ悪い歴史が残ってしまう。そこで、`git commit --amend`を実行することで、直前のコミットのコミットメッセージを修正できる。そのまま実行するとエディタが開くが、`-m`も指定してメッセージを上書きするのが楽であろう。

```
git commit --amend -m "updates test.txt"
```

歴史を確認しよう。

```
$ git log --oneline
52304ef (HEAD -> main) updates test.txt
78efaf0 initial commit
```

無事にコミットメッセージが書き換えられた。

なお、ここで先ほどとコミットハッシュが変わっている（8f7d4f8 → 52304ef）ことに注意したい。git commit --amend によりコミットメッセージを修正すると、コミットハッシュが変わってしまう。git rebase のときと同様に歴史がおかしくなるため、git push したあとには git commit --amend を実行してはならない[*1]。

6.1.2　修正を取り消したい（`git restore`）

ファイルを修正したが、その修正をなかったことにしたい、ということがある。例えば、最後にコミットした状態から test.txt に修正が加えられたとしよう。git diff はこうなっている。

```
$ git diff
diff --git a/test.txt b/test.txt
index e965047..4f34f18 100644
--- a/test.txt
+++ b/test.txt
@@ -1 +1,2 @@
 Hello
+Modification to be undone
```

「Modification to be undone」という行が追加されている。これを取り消すには、git restore ファイル名とする。

```
git restore test.txt
```

これにより、test.txt は最後にコミットした状態へと戻る。なお、git restore はオプションを指定しなかった場合 --worktree が付く。これはワーキングツリーのファイルを修正する。--worktree は -W でもよい。

6.1.3　ステージングを取り消したい（`git restore --staged`）

先ほどの修正をしたあと、git add までした状態を考える。

```
$ git diff --cached
diff --git a/test.txt b/test.txt
index e965047..5c936d2 100644
--- a/test.txt
```

[*1] 個人開発であれば強制プッシュ（git push -f）するという手もあるが、GitHub に強制プッシュの履歴が残り、やはりあまりかっこよくない。そもそも main ブランチで作業するのがよくないため、常に別ブランチで作業するようにして、main ブランチにリベースしてコミットやメッセージを整理してからマージする習慣をつけたい。

```
+++ b/test.txt
@@ -1 +1,2 @@
 Hello
+Modification to be undone
```

ステージングした状態を取り消すには「git restore --staged ファイル名」とする。

```
git restore --staged test.txt
```

これで、先ほどの「最後のコミットからワーキングツリーのみ修正された状態」に戻る。--staged
は -S でもよい。

あまりないと思うが、ワーキングツリーとインデックス両方に修正がある場合は -W　-S で両方一
度に取り消すことができる。

```
$ git status -s
MM test.txt       # ワーキングツリーとインデックス両方に修正がある

$ git restore -W -S test.txt # 両方一度に取り消し
```

6.1.4　リモートを間違えて登録した（`git remote remove`）

GitHub を使っていて、リモートリポジトリのアドレスを間違えることがよくある。例えば、
GitHub で新しいリポジトリを作り、そこに既存のリポジトリをプッシュしようとして、

```
git remote add origin https://github.com/kspub-github-book/somerepository.git
git branch -M main
git push -u origin main
```

を実行して username を聞かれ、「あっ！　SSH のつもりが HTTPS を選んじゃった」と気がつい
たときだ。ここで、改めて

```
git remote add origin git@github.com:kspub-github-book/somerepository.git
```

と、SSH で再登録しようとしても、「error: remote origin already exists.」とつれない返事が返っ
てくる。このとき、まず origin として登録されたリモートを削除してから再登録すればよい。

```
git remote remove origin
```

これで、リモートリポジトリ origin は削除されたので、改めて SSH プロトコルで再登録すれば
よい。

```
git remote add origin git@github.com:kspub-github-book/somerepository.git
```

6.1.5　メインブランチで作業を開始してしまった（`git stash`）

Git では原則としてメインブランチでは作業せず、必ずフィーチャーブランチを切って作業する。ところが、ファイルを修正したあとにメインブランチで作業していたことに気がついたとしよう。そんなときは git stash を使う。git stash はコミットを作らずに変更を退避するコマンドだ。

いま、main ブランチにいるまま test.txt を結構修正してしまった状態にある。

```
$ git status
On branch main
Changes not staged for commit:
  (use "git add <file>..." to update what will be committed)
  (use "git restore <file>..." to discard changes in working directory)
        modified:   test.txt

no changes added to commit (use "git add" and/or "git commit -a")
```

この状態で git stash を実行すると、最後のコミットからの修正が退避される。

```
$ git stash  # 修正が退避される
Saved working directory and index state WIP on main: 57222d5 update

$ git status # カレントブランチはきれいな状態に戻る
On branch main
nothing to commit, working tree clean
```

git stash はスタックになっており、どんどん修正を積み上げることができる。積み上げた修正は git stash list で見ることができる。

```
$ git stash list
stash@{0}: WIP on main: 57222d5 update
```

積んだ修正は git stash pop で適用できる。新しいブランチを切ってから適用しよう。

```
$ git switch -c feature
Switched to a new branch 'feature'

$ git stash pop
On branch feature
Changes not staged for commit:
  (use "git add <file>..." to update what will be committed)
  (use "git restore <file>..." to discard changes in working directory)
        modified:   test.txt

no changes added to commit (use "git add" and/or "git commit -a")
Dropped refs/stash@{0} (171f9ddd0c02ed7e7ed9105aa9ef30f3553aa742)
```

これにより、あたかも「最初から feature ブランチを切ってから修正をした」ような状態となった。あとはキリのよいところまで作業してコミットし、main ブランチにマージするなりその前にリベースするなりすればよい。うっかりメインブランチで作業を開始しがちな人（例えば筆者）は覚えておきたいコマンドだ。

なお、git stash を実行するたびに修正が積み上がっていく。それぞれに stash@{0}、stash@{1} という名前が付き、git stash apply により名前を指定して適用できる。しかし、その場合は適用した修正がスタックに残るため、あとで git stash drop で消さなければならない。一方、git stash pop は、最後に積んだ修正を適用し、その修正をスタックから削除する。

あまり積むとあとで見てわからなくなるので、原則として git stash は git stash pop と対で利用するとよい。

6.1.6　プッシュしようとしたらリジェクトされた

あなたは家で作業をして、一段落したのでコミット、プッシュしてから寝ようとしたら、無情にも rejected というメッセージが出て拒否された。

```
$ git push
To /URL/to/repository.git
 ! [rejected]        main -> main (fetch first)
error: failed to push some refs to '/URL/to/test.git'
hint: Updates were rejected because the remote contains work that you do
hint: not have locally. This is usually caused by another repository pushing
hint: to the same ref. You may want to first integrate the remote changes
hint: (e.g., 'git pull ...') before pushing again.
hint: See the 'Note about fast-forwards' in 'git push --help' for details.
```

そこであなたは、大学で修正をプッシュしたのに、家のリポジトリで git fetch、git merge するのを忘れていたことに気がつく（fetch コマンドについては第8章を参照）。もしプロジェクトがバージョン管理されておらず、プッシュではなく単に大学のサーバにアップロードをしていたら、大学での修正は失われてしまっていたかもしれない。しかし、幸運なことにあなたは Git を使っており、大学で行った修正が GitHub に、家で行った修正がローカルにある。この状態で、まず大学での修正をローカルに持ってこよう。

```
git fetch
```

これにより、ローカルの origin/main が大学で行った作業を反映したコミットを指すようになった。ローカルの main と、origin/main は、同じコミットから歴史が分岐した状態だ。これを1つにするにはマージすればよい。

```
git merge origin/main
```

第6章

もし衝突したら、適切に修正して git add、git commit すればよい。これで両方の修正を取り込んだ新たな歴史ができた。この歴史は、リモートの main と歴史を共有しているので、そのまま git push ができる。

　家と大学など、複数の場所で開発を進めることはよくあるであろう。そのとき、一方でプッシュを忘れてしまったり、フェッチ／マージするのを忘れてコミットしてしまったりすると、git push できずにエラーが起きる。その場合は、慌てずに git fetch、git merge origin/main してから git push すればよい。

6.1.7　頭が取れた (detached HEAD)

　通常、ブランチがコミットを指し、HEAD がブランチを指すことで「カレントブランチ」を表現している。例えば適当なリポジトリで git log --oneline を実行すると、

```
$ git log --online
fe81057 (HEAD -> main) updates from test2
4692a78 initial commit
```

などと表示される。これは、HEAD が main ブランチを指しており（カレントブランチが main であり）、main ブランチは fe81057 というコミットを指している状態だ。これにより、HEAD は main を経由してコミットを指している。

　しかし、Git の操作の途中、HEAD がブランチを経由せずにコミットを直接指している状態になることがある。これを detached HEAD 状態と呼ぶ。

　例えば先ほどの状態で git checkout fe81057 を実行すると、git status でこんな表示が出るようになる。

```
$ git status
HEAD detached at fe81057
nothing to commit, working tree clean
```

　これは、頭が取れた (detached HEAD) 状態であり、HEAD が直接コミット fe81057 を指しているよ、という意味だ。git log --oneline はこんな表示になる。

```
$ git log --oneline
fe81057 (HEAD, main) updates from test2
4692a78 initial commit
```

　先ほどは HEAD -> main と、HEAD が main を指していたが、いまは HEAD と main が個別にコミット fe81057 を指している状態であることがわかるであろう。

　Git では、例えば以下の操作で頭が取れる。

- git checkout で直接コミットを指定した
- git rebase 中に衝突した
- git bisect の実行中

6.2.3 項で述べるように、現在では git checkout コマンドを使うことは推奨されない。git rebase 中の衝突は第 5 章で説明した。git bisect コマンドについては、6.2.2 項を参照してほしい。

それ以外で、「なんだかよくわからないが頭が取れてしまった」という状態になったら、まずはいま HEAD が指しているコミットにブランチを作って貼っておこう。

```
$ git status
HEAD detached at 4692a78
nothing to commit, working tree clean
```

いま、頭が取れて、HEAD が 4692a78 を指した状態だ。なぜこの状態になったかがよくわからないとしよう。ならば、あとでこの状態に戻ってこられるように、ブランチを付けておこう。

```
git branch detached_head
```

これで、4692a78 に detached_head というブランチが付いた。この状態で main ブランチに戻る。

```
git switch main
```

ブランチを見てみよう。

```
$ git branch
  detached_head
* main
```

先ほど頭が取れた状態で HEAD が指していたコミットに detached_head というブランチが付いている。しばらくそのままにしておいて、不要だと思えば削除するとよいだろう。ブランチを付けないまま main に戻ると、先ほどのコミットハッシュ 4692a78 を覚えていない限り、頭が取れた状態に戻ることはできなくなる。「理由もわからず頭が取れてよくわからない状態になったら、ブランチ名を付けて main に戻る」と覚えておけばよい。

6.2 便利なコマンドや知っておいたほうがよいこと

6.2.1 この部分はいつ誰が書いた？（git blame）

多人数開発をしていると、頻繁に「この部分はいつ誰が書いたんだ？」と思うことであろう。個人開発をしていてもたまに「これ誰が書いたんだよ！」と思うことが多い（もちろん自分である）。そ

んなときに便利なコマンドが git blame だ。

いま、こんな Python スクリプトがあったとしよう。

```python
def func1():
    print("Hello func1")


def func2():
    print("Hello func2")


if __name__ == '__main__':
    print("Hello")
    func1()
    func2()
```

git blame にファイル名を指定すると、どの行が、いつ、誰によって修正されたかが表示される。

```
$ git blame test.py
56127fbb (H. Watanabe 2021-09-17 21:22:49 +0900  1) def func1():
56127fbb (H. Watanabe 2021-09-17 21:22:49 +0900  2)     print("Hello func1")
56127fbb (H. Watanabe 2021-09-17 21:22:49 +0900  3)
56127fbb (H. Watanabe 2021-09-17 21:22:49 +0900  4)
26bdec20 (H. Watanabe 2021-09-17 21:23:31 +0900  5) def func2():
26bdec20 (H. Watanabe 2021-09-17 21:23:31 +0900  6)     print("Hello func2")
26bdec20 (H. Watanabe 2021-09-17 21:23:31 +0900  7)
26bdec20 (H. Watanabe 2021-09-17 21:23:31 +0900  8)
^fea5775 (H. Watanabe 2021-09-17 21:22:08 +0900  9) if __name__ == '__main__':
^fea5775 (H. Watanabe 2021-09-17 21:22:08 +0900 10)     print("Hello")
26bdec20 (H. Watanabe 2021-09-17 21:23:31 +0900 11)     func1()
26bdec20 (H. Watanabe 2021-09-17 21:23:31 +0900 12)     func2()
```

これを見れば、func1 や func2 がいつ、誰によって作られたかがわかる。git blame には行を指定したり、コミットハッシュを指定したりするなど多くのオプションがあるが、おそらくターミナルから実行することはあまりなく、エディタの拡張機能として使うことがほとんどであろう。いずれにせよ、「Git にはそのような機能がある」ということだけ覚えておきたい。

複数人開発ではもちろん、一人で開発していたとしても、どの関数がどの順番で作られたかはデバッグに有用な情報なので、個人開発でも役に立つ。

6.2.2 このバグが入ったのはいつだ？（git bisect）

プログラムをずっと開発していて、ふとバグに気がついたとする。最近入れたバグならデバッグは比較的容易だが、ずいぶん前に入れてしまったバグがいまになって顕在化した場合はやっかいだ。3日前の自分は全くの他人であり、そのバグの振る舞いからどういう経緯でバグが入ったかをすぐに特定することは難しいであろう。しかし、少なくとも昔はバグが入っていなかったときがあり、現在は

バグっているのだから、どこかに「バグが初めて混入したコミット」が存在するはずだ。これを二分探索で調べるためのコマンドが git bisect である。

　いま、バグが入ったことに気がついたブランチがある。例えばカレントブランチである main が指しているコミットはバグっているとしよう。そして、適当に探した昔のコミット e34d733 はバグっていなかったことが確認できたとしよう。バグはこの 2 つのコミットの間にある。二分探索を開始しよう。「git bisect start　問題のある場所　問題のない場所」を実行する。場所はコミットハッシュやブランチで指定できる。

```
git bisect start main e34d733
```

　これにより Git は二分探索モードとなり、まずは適当なコミットを持ってくる。このコミットがバグを含むか Git に教えてやろう。もしバグのあるコミットであれば

```
git bisect bad
```

を実行する。もし問題がなければ

```
git bisect good
```

を実行する。Good/Bad 判定をするたびに、Git は「このコミットはどうか？」と提案していき、最終的に一番最初に Bad 判定がつくコミット、すなわちバグが混入したコミットを見つけてくれる。

```
$ git bisect bad
e6348e408b57fdb42eb1281cb77b5c331cd400e7 is the first bad commit
(snip)
```

　上記は、最後に git bisect bad を実行したら、それにより Git が問題箇所を特定し、e6348e4 が問題の入ったコミットだよ、と教えてくれたところである。バグのコミットが特定されたあとは、その前後と差分をチェックすることでバグの発生箇所を特定できる。また、Good/Bad 判定を自動で行うこともできる（演習問題参照）。

6.2.3　git checkout は使わない

　git switch と git restore は Git のバージョン 2.23.0 から追加された機能であり、それまでは git checkout や git reset がその役目を担っていた。

　例えば以下は同じ意味だ。

```
git checkout feature
git switch feature
```

また、ステージングされていないファイルの修正も git checkout でできる。以下は同じ意味だ。

```
git checkout test.txt
git restore test.txt
```

もともと、git checkout に役目が多すぎたため、別のコマンドとして分けられた背景がある。現在、git checkout を使う必要はほとんどない。

また、git switch と異なり、git checkout は直接コミットハッシュを指定できる。例えば、いまカレントブランチが main であり、コミット 9b662ef を指している状態であるとしよう。

```
$ git log --oneline
9b662ef (HEAD -> main) test
```

この状態で 9b662ef を指定して git checkout すると、HEAD がブランチではなく、直接コミットハッシュを指す「detached HEAD」状態となる。

```
$ git checkout 9b662ef
Note: switching to '9b662ef'.

You are in 'detached HEAD' state. You can look around, make experimental
changes and commit them, and you can discard any commits you make in this
state without impacting any branches by switching back to a branch.

If you want to create a new branch to retain commits you create, you may
do so (now or later) by using -c with the switch command. Example:

  git switch -c <new-branch-name>

Or undo this operation with:

  git switch -

Turn off this advice by setting config variable advice.detachedHead to false

HEAD is now at 9b662ef test
```

ブランチを介さないで Git を操作するのは事故のもとである。一方、git switch は直接コミットを指定できず、コミットハッシュとブランチ名を同時に指定する必要がある。

```
$ git switch -c newbranch 9b662ef
Switched to a new branch 'newbranch'
```

現在では、git switch や git restore を使い、git checkout を使うことはない。古い本やサイトには、まだ git checkout を使う方法が説明されていたりするので注意が必要だ。

6.3 まとめ

Git で直面しがちなトラブルとその対処法や、知っていると便利なコマンドについて紹介した。Git のコマンドが実際に何をやっているかを理解していないと、トラブルの対処が難しい。単に「こういう場合はこうすればよい」と場当たり的な対処を覚えるのではなく、「いまこういう状態で」「ここを解決したいのでこのコマンドを使っている」といったイメージを大事にしてほしい。

6.4 演習問題

6.4.1 amend によるコミット修正

コミットメッセージでうっかりタイポしてしまった。恥ずかしいので修正しよう。

Step1 リポジトリのクローン

演習用のリポジトリ amend-sample をクローンせよ。

```
cd
cd github-book
git clone https://github.com/kspub-github-book/amend-sample.git
cd amend-sample
```

Step2 歴史の確認

履歴を確認し、最新のコミットメッセージに打ち間違いがあることを確認せよ。

```
$ git log --oneline
3bbcdf5 (HEAD -> main, origin/main, origin/HEAD) updaets README.md
5e4a462 updates README.md
06cd439 updates README.md
b6545e7 initial commit
```

最後のコミットにおいて updates README.md とすべきところを updaets README.md とタイポしている。

Step3 コミットの保存

修正する前に、現在の最新のコミットに別名を付けておこう。

```
git branch original_main
```

Step4 コミットの修正

コミットメッセージを修正してコミットし直そう。

```
git commit --amend -m "updates README.md"
```

Step5 歴史の修正を確認

歴史が修正されたことを確認しよう。

```
git log --oneline
```

Step6 最終確認

現在の歴史がどうなっているか確認しよう。

```
git log --all --graph --oneline
```

結果は以下のようになる。

```
* 24a949a (HEAD -> main) updates README.md
| * 3bbcdf5 (origin/main, origin/HEAD, original_main) updaets README.md
|/
* 5e4a462 updates README.md
* 06cd439 updates README.md
* b6545e7 initial commit
```

　1 つ前のコミットから歴史が分岐していることがわかる。すなわち、このコマンドは元のコミットのメッセージを修正するのではなく、修正したコミットメッセージを持つ新しいコミットを作り、1 つ前のコミットにつなげる。このように、git commit --amend は歴史を改変するため、一度プッシュしたコミットに対して --amend を使ってはならない。

6.4.2　git bisect による二分探索

　数の偶奇を判定するスクリプト evenodd.sh を開発していたが、いつの間にかすべての数字にeven と答えるようになってしまった。git bisect による二分探索で、どこでバグが入ったか調べよう。

Step1 リポジトリのクローン

演習用のリポジトリ bisect-sample をクローンせよ。

```
cd
cd github-book
git clone https://github.com/kspub-github-book/bisect-sample.git
cd bisect-sample
```

Step2 バグの確認

evenodd.sh は、本来であれば入力された数値の偶奇を判定するコードであったが、いつの間にか

すべての数字に even と答えるようになった。適当な数字を与えて実行し、確認せよ。

```
./evenodd.sh 1
./evenodd.sh 2
```

どちらも even と返すはずである。このバグがいつ入ったかをこれから特定する。

Step3 　ブランチの準備

確実にバグが入っていないコミットに origin/root というブランチが付いている。origin/root から root を作成し、カレントブランチを root にせよ。

```
git switch root
```

Step4 　バグっていないことを確認

先ほどと同様に evenodd.sh を実行せよ。

```
./evenodd.sh 1
./evenodd.sh 2
```

root ブランチでは正しい結果を返すはずである。
確認後、main ブランチに戻ること。

```
git switch main
```

Step5 　git bisect の実行

さて、root ブランチでは正常に動作し、main ブランチでは問題があるとわかった。バグが入ったとすれば、その間のコミットのどこかである。そこで、git bisect により「問題が初めて起きたコミット」を発見しよう。以下を実行し、二分探索モードに入る。

```
git bisect start main root
```

Step6 　状態の確認

現在の状態を確認せよ。

```
git status
```

以下のような表示がされる。

```
HEAD detached at 30a8c2b
You are currently bisecting, started from branch 'main'.
  (use "git bisect reset" to get back to the original branch)

nothing to commit, working tree clean
```

　頭が取れた (detached HEAD) 状態であること、二分探索モードであること (You are currently bisecting)、どうすればこのモードを抜けることができるか (git bisect reset) などの情報が記載されている。このように Git のメッセージはかなり親切に書かれているので、きちんと読めばいまどういう状態であり、次に何をすべきかがわかりやすい。

Step7 ▶ Good/Bad 判定

　いま、Git は適当なコミットが指すスナップショットをワーキングツリーとして展開している。この状態にバグがあるのか、それともないのかを Git に教えよう。
　以下のコマンドを両方実行し、正しい結果が得られるか確認せよ。

```
./evenodd.sh 1
./evenodd.sh 2
```

　正しい結果が帰ってきたら、

```
git bisect good
```

を実行せよ。間違っていたら

```
git bisect bad
```

を実行せよ。そのたびに Git は次の候補を持ってくるので、終了するまで上記の操作を繰り返すこと。Git が「初めて問題が起きたコミット」を見つけたら「コミットハッシュ is the first bad commit」という表示がなされるはずだ。

Step8 ▶ ブランチの付与と二分探索モードの終了

　このコミットにブランチを付けておこう。

```
git branch bug 先ほど見つけたコミットハッシュ
```

　なお、「先ほど見つけたコミットハッシュ」のところには、初めて問題が起きたコミットのコミットハッシュを入力するが、すべての桁を入力する必要はなく、冒頭の 6 〜 7 桁を入力すればよい。
　これでバグが入ったコミットに印を付けることができた。二分探索モードを抜けよう。

```
git bisect reset
```

Step9 **自動チェックの確認**

いちいちバグの有無を人力で確認し、git bisect good/badを入力するのは面倒だ。「成功／失敗」を判定するスクリプトを使って、二分探索を自動化しよう。そのようなスクリプト test.sh が用意されている。cat で見てみよう。以下のコマンドを実行せよ。

```
cat test.sh
```

以下のように、test.sh の中身が表示される。

```
#!/bin/bash

if [ `./evenodd.sh 1` != 'odd' ]; then
  exit 1
fi

if [ `./evenodd.sh 2` != 'even' ]; then
  exit 1
fi
```

これは evenodd.sh に 1 と 2 を入力し、odd と even が表示されるか確認し、どちらも正しいなら成功（終了ステータス 0）、そうでなければ失敗（終了ステータス 1）を返すスクリプトだ。このスクリプトを使って二分探索を自動化するには、git bisect run を用いる。

```
git bisect start main root
git bisect run ./test.sh
```

やはり「コミットハッシュ is the first bad commit」というメッセージが表示されるはずなので、それが先ほど bug というブランチを付けたコミットと同じものであることを確認しよう。

```
git branch -v
```

終わったら二分探索モードを抜けよう。

```
git bisect reset
```

Step10 **最終確認**

いま、main ブランチにいるはずだが、先ほどバグの入ったコミットに付けたブランチへ入ろう。

```
git switch bug
```

　いま、「初めてバグが入ったコミット」にいるはずなのだから、「このコミット」と「1 つ前のコミット」の差分を見れば、バグの原因がわかるはずだ。以下を実行し、出力された内容からバグの原因を推定せよ。

```
git diff HEAD^
```

第7章 GitHub のアカウント作成と認証

◤ 本章で学ぶこと

Git はローカルリポジトリとリモートリポジトリを連携して使う。リモートリポジトリとは文字通りリモートサーバにあるリポジトリであり、ネットワークを介してアクセスすることになる。本書では、リモートリポジトリとして **GitHub** を用いるが、GitHub のサーバは世界に公開されているため、なんらかの方法でアクセスが許可された相手であるかを確認する必要がある。以下では、GitHub にアカウントを作成し、ターミナルから GitHub へアクセスできるようにするまでの手順、特に認証と呼ばれる概念について説明する。なお、以下で説明する認証プロセスの説明はかなり簡略化されたものであり、実際に行われている認証プロセスとは必ずしも一致しないことに注意されたい。

7.1 認証とは

自宅に見知らぬ人が自由に出入りされては困るため、なんらかの手段で「家に入る権利」を管理する必要がある。そこで、ドアには鍵が付いており、外出するとき、家に誰もいなくなるのなら鍵をかけ、帰宅時に鍵を開けて入ることで鍵を所持する人以外は自由に出入りできないようにする。逆にいえば、鍵を所持する人は、この家に出入りする権利があるということを意味している。このように、「誰かが何かを行う正当な権利を持っていること」を確認する手続きを **認証 (authentication)** と呼ぶ。

認証には、大きく分けて「所持認証」「知識認証」「生体認証」の 3 種類がある（図 7.1）。「所持認証」とは、特別な物を所有していることをもって、何かの権利があると認証するものであり、家の鍵などがこれにあたる。「知識認証」とは、特別な知識があることにより認証するもので、ATM の暗証番号などがこれにあたる。「生体認証」とは、指紋認証や顔認証など、体の一部を使って本人であることを確認する方法であり、スマホや PC などで採用例が多い。なお、生体認証は広い意味では所持認証の一種であるが、鍵は誰かに貸したり合鍵を作ることができたりする一方、生体認証ではそのような運用が難しいなど性質がかなり異なるため、別のものとして扱ったほうがよい。以下では所持認証および知識認証についてのみ扱う。

図 7.1　認証の種類

　Git のリモートリポジトリとして GitHub を用いる場合、まずは GitHub にアカウントが必要だ。GitHub アカウントは、ブラウザから GitHub にアクセスして作成する。このとき、アカウント名とパスワードを設定する。つまり、GitHub へのブラウザ経由でのアクセスは知識認証となる。しかし、パスワードのみではセキュリティ的に問題があるため、GitHub は多要素認証を義務化している。多要素認証については後述する。

　GitHub にアカウントを作成したら、次はターミナルから GitHub へアクセスできるようにしなければならない。例えば手元の PC などで Git を使う場合、Git はその PC の中にあるリポジトリ（ローカルリポジトリ）とやりとりをするが、そこでは認証は不要だ。そのローカルリポジトリを使えるのはその PC の持ち主だけであり、PC を持っている人がそのリポジトリにアクセスできる人であると考えられる（所持認証）。また、PC にログインするとき、パスワードをかけている場合は知識認証で、指紋や顔認証でロックしている場合は生体認証により守られている。

　しかし、ローカルリポジトリと GitHub などのリモートリポジトリの間でやりとりをする場合は認証が必要だ。例えば git push により歴史を送り込む要求が GitHub に送られてきたとき、GitHub は「その要求をしてきたのは、確かにそのリポジトリにアクセスする権利を持つ人である」ことをなんらかの方法で認証しなければならない。以下では、GitHub での認証方法について説明する。

7.2　SSH 公開鍵認証

　ローカルから GitHub にアクセスするためには、事前に「自分はそのリポジトリにアクセスする権利を持つ人間である」ことを GitHub 側に登録しておかなければならない。そのために GitHub

はいくつかの方法を提供しているが、本書では **SSH 公開鍵認証（SSH public key authentication）** を用いる方法について説明する。SSH とは Secure Shell の略であり、ネットワーク上で安全に情報をやりとりするためのプロトコルだ。SSH 公開鍵認証とは、秘密鍵と公開鍵という 2 つのファイルを作成し、公開鍵を GitHub に登録し、ローカルにある秘密鍵を用いて認証する方法である。「秘密鍵を持っている人を、対応する公開鍵が置かれているリポジトリにアクセス権がある人として認証する」という意味において所持認証に分類される。

(1) 秘密鍵と公開鍵のペアを作成

秘密鍵　　公開鍵

(2) ブラウザから GitHub にログイン（知識認証＋ α）

(3) ブラウザ経由で公開鍵を登録

(4) ターミナルから秘密鍵でアクセス（所持認証）

図 7.2　公開鍵認証によるアクセス

　SSH 公開鍵認証のポイントは、秘密鍵と公開鍵という、2 つの鍵を用意することにある。秘密鍵と公開鍵はペアになっており、対応する鍵でなければぴったり一致しない。そこで、あらかじめなんらかの方法で公開鍵を GitHub のサーバに登録しておき、「登録した公開鍵とぴったり合う秘密鍵を持っている人」が、そのリポジトリにアクセスする権利のある人である、という形で認証することにする。GitHub において、SSH 公開鍵認証は以下の手順で行われる（図 7.2）。

1　秘密鍵と公開鍵のペアを作成する。
2　ブラウザから GitHub にログインする。このとき、ブラウザにはアカウント名とパスワードで認証する（知識認証）。多要素認証を利用する場合は、さらに別の方法で認証する。

3　ブラウザ経由で GitHub に公開鍵を登録する。

4　ターミナルから GitHub に秘密鍵を使って認証する（所持認証）。

なお、図では公開鍵から秘密鍵の形が推定できそうな印象を持つかもしれないが、秘密鍵から公開鍵を作ることはできても、公開鍵から秘密鍵を作ることはできない。SSH にはいくつか実装があるが、現在最も広く使われている実装は OpenSSH であるため、以下では OpenSSH を使うことを前提とする。

7.2.1　秘密鍵と公開鍵の生成

SSH 公開鍵のペアは、ssh-keygen コマンドで鍵を作ることができる。このコマンドを実行すると、まず暗号化アルゴリズムの確認と、鍵ファイルの保存先の確認が行われる。

```
$ ssh-keygen
Generating public/private rsa key pair.
Enter file in which to save the key (/c/Users/watanabe/.ssh/id_rsa):
```

これは、「RSA タイプの公開鍵、秘密鍵のペアを生成する。保存先の場所を選べ。何も指定しなければ秘密鍵を /c/Users/watanabe/.ssh/ に id_rsa というファイル名で保存する」という意味だ。特に理由がなければそのままエンターを押してよい。

ここで、RSA とは暗号化アルゴリズムであり、他のアルゴリズムを選ぶこともできる。例えばアルゴリズムとして Ed25519 を利用したい場合は、

```
ssh-keygen -t ed25519
```

と -t オプションに続けてアルゴリズムを指定する。この場合、作成される秘密鍵のファイルは id_ed25519 となる。暗号化アルゴリズムとして、現在は RSA が広く用いられているが、今後はより強固な Ed25519 が用いられるようになると思われる。

保存先の確認のあとは、以下のようにパスフレーズを聞かれる。

```
Enter passphrase (empty for no passphrase):
```

パスフレーズを入力せずにエンターを押すと、パスフレーズなしの秘密鍵が作られるが、**ここではパスフレーズを入力することを強く推奨する**。なお、パスフレーズを入力しても、画面には何も表示されない。これは、パスフレーズは秘密なので、他の人に見られては困るからだ。入力が終わったらエンターキーを押す。

```
Enter same passphrase again:
```

　もう一度同じパスフレーズを入力し、エンターキーを押す。画面に表示されない状態でパスフレーズを入力したため、もしかしたら入力ミスをしているかもしれない。そこで、もう一度同じパスフレーズを入力し、それが一致していたら正しく入力できたと判断する。

```
Your identification has been saved in /c/Users/watanabe/.ssh/id_rsa
Your public key has been saved in /c/Users/watanabe/.ssh/id_rsa.pub
The key fingerprint is:
SHA256:2nMosrJRAKzlDD7zE1qVINL3MYOh6/nTvphyyPUlWCQ watanabe@example.org
The key's randomart image is:
+---[RSA 3072]----+
|+o .oo.          |
|oo+.Eo=          |
|o=o..+ +         |
|.+o=   o         |
|  B oo  S        |
|  o =o .o..      |
|  .+ooooo+ .     |
|  =oo=o. o       |
|   .==oo.        |
+----[SHA256]-----+
```

　パスフレーズの入力が終わると、公開鍵、秘密鍵の保存が行われる。このメッセージは、

- 秘密鍵が /c/Users/watanabe/.ssh/id_rsa というファイルに
- 公開鍵が /c/Users/watanabe/.ssh/id_rsa.pub というファイルに

それぞれ保存されたことを示している。fingerprint や randomart image も表示されているが、いまは気にしなくてよい。以上の操作により、公開鍵と秘密鍵のペアが生成された。なお、暗号化アルゴリズムとして Ed25519 を選んだ場合、作られるファイルは id_ed25519 と id_ed25519.pub となる。

　公開鍵は秘密鍵から作ることができるが、その逆はできない。正しく秘密鍵と公開鍵が作られ、パスフレーズが設定されたか確認するために、秘密鍵から公開鍵を作ってみよう。ssh-keygen コマンドに -yf オプションを付け、秘密鍵のファイル名を指定すると、秘密鍵から公開鍵を作ることができる。その際、秘密鍵にパスフレーズが設定されていると、パスフレーズの入力も求められる。

```
$ ssh-keygen -yf ~/.ssh/id_rsa
Enter passphrase:
```

　ここで先ほど設定したパスフレーズを入力すると、秘密鍵から計算された公開鍵が表示される。同時に作られた公開鍵 id_rsa.pub と同じ内容が表示されるはずである。

```
cat ~/.ssh/id_rsa.pub
```

として公開鍵を表示し、内容が一致していることを確認するとよい。

7.2.2　公開鍵の登録と確認

作成した公開鍵を GitHub に登録するには、ブラウザから GitHub にアクセスし、以下の手順を踏む。

1　GitHub の一番右上のアイコンをクリックして現れるメニューの下のほうの「Settings」を選ぶ。
2　左に現れたメニューから「SSH and GPG keys」を選ぶ。
3　「SSH keys」右にある「New SSH key」ボタンを押す。
4　「Title」と「Key」を入力する。Title はなんでもよい。Key には公開鍵の内容、具体的には .ssh/id_rsa.pub ファイルの中身をコピペする。
5　公開鍵を貼り付けたら「Add SSH key」ボタンを押す。

ブラウザで公開鍵の登録が済んだら、ターミナルから認証ができるか確認してみよう。以下のコマンドにより認証の確認ができる。

```
ssh -T git@github.com
```

初回接続時には

```
Are you sure you want to continue connecting (yes/no/[fingerprint])?
```

というメッセージが表示されるので、yes と入力すること。このメッセージは 2 回目以降の接続では出力されない。

```
Enter passphrase for key '/path/to/.ssh/id_rsa':
```

と表示されたら、先ほど設定したパスフレーズを入力する。その結果、

```
Hi GitHub アカウント名 ! You've successfully authenticated, but GitHub does not
provide shell access.
```

と表示されたら、鍵の登録に成功している。ここで、先ほど入力したコマンド ssh -T git@github.com に、あなたの GitHub アカウント名が含まれていないことに注意したい。GitHub は、アクセス相手を鍵だけで判別している。したがって、もし複数のアカウントに同じ公開鍵を登録してしまうと、自分が想定したのとは異なるアカウントでアクセスしてしまうことがある。もし複数のアカウントを使い分ける必要がある場合は、それぞれで異なる鍵のペアを使う必要がある。

7.2.3 秘密鍵とパスフレーズ

公開鍵は、その名の通り公開するための鍵なので、誰に見られてもかまわない。事実、GitHub ではアカウントに紐付けられた公開鍵は https://github.com/ アカウント名 .keys として公開されており、誰でも見ることができる。一方、秘密鍵が流出してしまった場合、そのファイルを持っている人は誰でもその鍵を使って、対応する公開鍵が登録されたリポジトリにアクセスできてしまう。そこで、もし秘密鍵が流出したとしても、その秘密鍵が使われないように暗号化しておく。そのために使われるのがパスフレーズである。

(1)ターミナルから GitHub にアクセスしようとする

(2)パスフレーズにより秘密鍵を復号

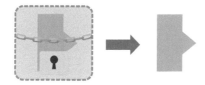

(3)秘密鍵を使って認証

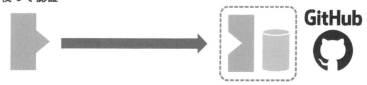

パスフレーズによる知識認証でGitHubにアクセスしているわけではないことに注意

図 7.3 秘密鍵とパスフレーズ

SSH 公開鍵認証で鍵が必要になったとき、SSH は秘密鍵をチェックする。秘密鍵が暗号化されている場合、ユーザにパスフレーズを要求する。そしてパスフレーズにより復号された秘密鍵を使って認証することになる（図 7.3）。SSH 公開鍵を使って GitHub にアクセスするとき、毎回パスフレーズを入力するため、「パスフレーズを使って GitHub にアクセスしている」と勘違いしがちであるが、あくまでもパスフレーズは秘密鍵の暗号化を解くために利用されており、GitHub とのやりとりには使われていないことに注意したい。

7.3　多要素認証

　ターミナルから GitHub にアクセスする場合、「秘密鍵を所持している」という所持認証、および「その秘密鍵のパスフレーズを知っている」という知識認証によってセキュリティが保たれている。さて、公開鍵はブラウザから GitHub にアクセスして登録するが、これはいくつでも登録できる。したがって、悪意ある人が別の公開鍵を登録してしまうと、そのアカウントへアクセスし放題になってしまう。ブラウザからの GitHub へのアクセスはアカウントとパスワードで認証するが、これは「パスワードを知っている」という知識認証のみであり、セキュリティとしては非常に弱い。そこで、他の認証を組み合わせることでセキュリティを高める工夫をする。一般に、複数の認証要素を組み合わせることを **多要素認証 (multi-factor authentication)** と呼ぶが、特に 2 つの要素を組み合わせることを**二要素認証 (two-factor authentication)**、略して 2FA と呼ぶ。GitHub はセキュリティ向上のため、2FA の義務化を進めている。したがって、パスワードの他に認証する方法を設定する必要がある。

　2023 年 10 月現在、GitHub は、2FA として以下のような方法を提供している。

- Authenticator app: Google Authenticator など、スマホなどに登録するアプリケーションで、1 分ごとに変化する数字を入力するタイプ。
- SMS/Text message: スマホのショートメッセージを利用して認証するタイプ。
- Security keys: セキュリティキーと呼ばれる物理デバイスを用いて認証するタイプ。
- GitHub Mobile: GitHub が提供するモバイルアプリを用いて認証するタイプ。

　セキュリティキーは、おおむね USB メモリのような形をしており、USB キーに挿して使うタイプや、NFC を用いるタイプ、またその両方に対応するもの、生体認証を組み合わせるものなど、多種多様なものがある。

　セキュリティキーを用いるもの以外は、原則としてスマートフォンを利用することが想定されている。認証の必要があるときに、スマートフォンのアプリやメッセージに表示される数字を GitHub に入力することで認証する。

　いずれにせよ、「あらかじめ登録されたセキュリティキーもしくはスマートフォンを所持している」ことをもって認証するため、所持認証の一種となる。知識認証であるパスワードと合わせて、二要素認証を構成する。

　どれでも好きな方法を選んでよいが、もし迷うならスマートフォンに Google Authenticator をインストールし、「Authenticator app」として登録するとよいだろう。手順は以下の通り。

1　スマホに Google Authenticator をインストールする。
2　GitHub の「Settings」メニューから「Password and authentication」に進む。
3　Google Authenticator を起動し、右下にある「＋」マークをクリックすると「QR コードをスキャン」というメニューが出てくるので、GitHub の「Two-factor authentication」の「Authenticator app」に表示されている QR コードを読み込む。

4　Google Authenticator に 6 桁の数字が表示されるので、GitHub に入力すると、この Google Authenticator が登録される。

5　このとき、リカバリコードとして、英数字列が表示される。これはスマートフォンを紛失したときなどに使う緊急用のコードであるため、印刷するなどして保存しておくこと。

以後、2FA が必要となるたびに 6 桁の数字が要求されるため、Google Authenticator を起動し、表示されている数字を入力すればよい。なお、この数字は 1 分ごとに切り替わる。

GitHub だけでなく、多くのウェブサービスが 2FA を設定可能であるため、可能な限り設定するとよい。

7.4　まとめ

認証とは「ある人に、その操作をする権利が確かにある」ということを確認するプロセスである。ネットワーク越しに何かの操作をする場合、必ずどこかに認証プロセスがある。認証には「知識認証」「所持認証」「生体認証」などさまざまな種類があり、複数の種類を組み合わせることでセキュリティを高めることができる。コマンドラインから GitHub にアクセスするには SSH 公開鍵認証を用いるが、これは所持認証にあたる。秘密鍵が暗号化されている場合、利用時にパスフレーズが要求されるが、これを要求しているのは GitHub ではなくローカルの SSH であることに注意したい。公開鍵の登録にはブラウザから GitHub へのログインが必要であり、通常はパスワードにより認証するが、今後は多要素認証で守ることが推奨されている。

7.5  演習問題

7.5.1　GitHub アカウントの作成と公開鍵の登録

Step1　アカウントの作成

まず、GitHub にアカウントを作成する。すでに GitHub にアカウントを持っている人はこのステップをスキップしてよい。ユーザ名、メールアドレス、パスワードを入力するが、ユーザ名は今後長く使う可能性があるのでよく考えること。場合によっては本名よりも有名になる可能性もある。メールアドレスは普段使うアドレスを設定しておく。このアドレスは公開されない（公開もできる）。

https://github.com/ にアクセスし、右上から「Sign up」を選ぶ。すると、以下のようなことが聞かれる（詳細は変更される可能性がある）。

- Enter your email : メールアドレスを入力する
- Create a password: パスワードを入力する
- Enter a username: GitHub のアカウント名を入力する

- Would you like to receive product updates and announcements via email?: アナウンスを受け取るか。通常は不要なので n でよい
- Verify your account: 人間であることを証明するため、パズル認証を解く
- Create account: 実行すると、登録メールに launch code（6 桁の数字）が届くので、メールを確認して入力
- 最初にアンケートを聞かれる。答えてもよいが、面倒なら「Skip personalization」

「Learn Git and GitHub without any code!」という画面が出てきたら登録完了だ。この画面はあとで使うので、まだブラウザを閉じないこと。

Step2 SSH 公開鍵の作成

SSH 公開鍵のペアを作成する。なお、過去に作成したことがある場合はその鍵が使えるので、このステップを飛ばしてよい。以下のコマンドを実行せよ。

```
$ cd
$ ssh-keygen
Generating public/private rsa key pair.
Enter file in which to save the key (/path/to/.ssh/id_rsa):  # (1)
Created directory '/path/to/.ssh'.
Enter passphrase (empty for no passphrase): # (2)
Enter same passphrase again:                # (3)
```

(1) 秘密鍵を保存する場所を入力する。通常は何も入力せず、エンターキーを押してよい。
(2) ここでパスフレーズを聞かれる。何も入力せずに改行するとパスフレーズなしとなるが、**必ずパスフレーズを入力すること**。ここではキーを入力しても画面には何も表示されないので注意。
(3) 先ほど入力したものと同じパスフレーズを再度入力する。

パスフレーズを二度入力したあと、

```
Your identification has been saved in /path/to/.ssh/id_rsa
Your public key has been saved in /path/to/.ssh/id_rsa.pub
```

といったメッセージが表示されたら成功である。id_rsa が秘密鍵、id_rsa.pub が公開鍵だ。秘密鍵は誰にも見せてはならない。公開鍵は、文字通り公開するための鍵で、これから GitHub に登録するものだ。

Step3 SSH 公開鍵の登録

GitHub に公開鍵を登録する。

1　GitHub の一番右上のアイコンをクリックして現れるメニューの下のほうの「Settings」を選ぶ。

2　左に現れたメニューの「Access」の下のほうにある「SSH and GPG keys」を選ぶ。

3　「SSH keys」の右にある「New SSH key」ボタンを押す。

4　「Title」と「Key」を入力する。Title はなんでもよい。Key には、.ssh/id_rsa.pub ファイルの中身をコピペする。ターミナルで以下を実行せよ。

```
cat .ssh/id_rsa.pub
```

すると、ssh-rsa から始まるテキストが表示されるため、マウスで選択してクリップボードにコピーする。そして、先ほどの GitHub の画面の「Key」のところにペーストし、「Add SSH key」ボタンを押す。

This is a list of SSH keys associated with your account. Remove any keys that you do not recognize. というメッセージの下に、先ほど付けた Title の鍵が表示されていれば登録成功だ。

Step4　鍵の登録の確認

正しく鍵が登録されたか見てみよう。ターミナルで、以下を実行せよ。

```
ssh -T git@github.com
```

もし Are you sure you want to continue connecting (yes/no/[fingerprint])? というメッセージが表示されたら yes と入力する。

Enter passphrase for key '/path/to/.ssh/id_rsa': と表示されたら、先ほど設定したパスフレーズを入力する。その結果、

```
Hi GitHub アカウント名! You've successfully authenticated, but GitHub does not
provide shell access.
```

と表示されたら、鍵の登録に成功している。

7.5.2　リポジトリの作成とクローンおよびプッシュ

実際に GitHub と通信して、データのやりとりをしてみよう。以下では GitHub でリポジトリを作成してローカルにクローンし、修正してコミットしてからリモートにプッシュする。

Step1　リポジトリの作成

1　GitHub のホーム画面を表示する。左上のネコのようなアイコン（Octocat）をクリックするとホーム画面に戻る。

2　ホーム画面に戻ったら「New」ボタンを押す。

3　リポジトリの新規作成画面では、以下の項目を設定しよう。

- Repository name: リポジトリの名前。Git でアクセスするので、英数字だけにしよう。ここでは「test」としておく。
- Description: リポジトリの説明（任意）。ここは日本語でもよいが、とりあえず「test repository」にしておこう。
- Public/Private: ここで「Public」を選ぶと、全世界の人から見ることができるリポジトリとなる。とりあえずは「Private」を選んでおこう。これにより、自分だけがアクセスできるリポジトリとなる。
- Initialize this repository with: リポジトリを作成する際に作るもの。ここをチェックすると自動で作ってくれる。ここでは、「Add a README file」にチェックを入れ、「Choose a license」のプルダウンメニューから「MIT License」を選んでおこう。「Add .gitignore」は「None」のままでよい。

4　以上の設定を終了したら「Create repository」ボタンを押す。

5　リポジトリの画面に移るので、右上の緑色の「Code」ボタンをクリックすると、「Clone」というウィンドウが現れるので「SSH」を選ぶ。すると git@github.com: から始まる URL が現れるので、それを右の「コピーアイコン」ボタンを押してコピーする。

Step2 ▶ リポジトリの作成

　ローカルの github-book ディレクトリの下に先ほど作ったリポジトリをクローンしよう。以下を実行せよ。

```
cd
cd github-book
git clone git@github.com: アカウント名 /test.git
cd test
```

　先ほど URL をコピーしていたので、`git clone` まで入力したあとで、空白を入力してから貼り付ければよい。すると、パスフレーズを要求されるので、秘密鍵のパスフレーズを入力しよう。正しく入力できたらクローンできる。

Step3 ▶ ローカルの修正とプッシュ

　手元にクローンしたリポジトリを修正し、GitHub に修正をプッシュしてみよう。

　まず、クローンしたリポジトリの README.md を修正しよう。VS Code の「フォルダーを開く」によって、先ほどクローンされた test ディレクトリを開き、README.md を開こう。

　すると、以下のような内容が表示されるはずだ。

```
# test
test repository
```

これを、以下のように「Hello GitHub」と1行追加し、保存せよ。

```
# test
test repository

Hello GitHub
```

この状態で、README.mdの修正をgit addしてgit commitしよう。ターミナルで以下を実行せよ。

```
git add README.md
git commit -m "updates README.md"
```

これでローカルの「歴史」は、GitHubが記憶している「歴史」よりも先に進んだ。歴史を見てみよう。

```
$ git log --oneline
1db6b18 (HEAD -> main) updates README.md
0a103b5 (origin/main, origin/HEAD) Initial commit
```

コミットハッシュは人によって異なるが、origin/mainよりも、HEAD -> mainが1つ先の歴史を指していることがわかる。この「新しくなった歴史」をGitHubに教えよう。ターミナルで以下を実行せよ。

```
git push
```

　パスフレーズを聞かれるので入力せよ。これでローカルの修正がリモートであるGitHubに反映された。もう一度ブラウザでGitHubのリポジトリを見てみよう。ブラウザをリロードしてみよ。ローカルの変更が反映され、画面に「Hello GitHub」の画面が表示されたら成功だ。

第7章

天空の城のセキュリティ

スタジオジブリの長編アニメ映画『天空の城ラピュタ』を知っているであろう。空から少女がゆっくり降りてくるシーンが印象的なこの映画は、滅びの言葉「バルス」でも有名だ。金曜ロードショーなどで「バルス」を言うタイミングで、多くの人がネット上で「バルス」と発信するため、SNS サーバが落ちたこともある。さて、ラピュタというシステムにおける「バルス」の認証はどうなっているだろうか？ 「バルス」の前に、まずは「リーテ・ラトバリタ……」で始まる「ラピュタ起動の呪文」の認証について考えてみよう。劇中では、ペンダントを首にかけた状態で、シータが呪文を唱えることでラピュタが起動する。回想シーンでシータがおばあさんからこの呪文を教わっているときに特に何も起きていないので、「ペンダントが近くにある」ことが要件であろう。この「特定の物を持っている」ことによる認証を「所持認証」と呼ぶ。家の鍵などが所持認証であり、鍵の持ち主が家に入る権利を持っているものとみなす。また、呪文やパスワード、合言葉のような「特定の知識があること」を要件とする認証を「知識認証」と呼ぶ。Amazon などのサービスへログインする場合にアカウントとパスワードを入力するであろう。これは、アカウントとパスワードの正しい組み合わせを知っている人が、そのアカウントにログインする権利を持つ人であるとみなしている。さらに静脈認証や指紋認証といった、身体的特徴を個人識別の手段として使うものを「生体認証」と呼ぶ。タブレットで指紋を使って認証したり、スマホのカメラで顔により認証したりするのがその例である。劇中では明示的に描かれていないが、ラピュタ王家の血を引くものが呪文を唱えることを起動要件としているかもしれない。少なくとも私がラピュタのエンジニアならそうする。もしそうなら、ラピュタの起動は「所持認証（飛行石のペンダント）」「知識認証（長い呪文）」「生体認証（王家の血を引く人物）」の多要素認証で守られていることになる。では、ラピュタの緊急停止コマンドである「バルス」はどうであろうか。劇中ではやはり「王家の人間が」「飛行石を持って」「呪文を唱える」という多要素認証で守られているように見えるが、そのわりには起動に比べて緊急停止の呪文の短いことが気になるであろう。あくまで個人的な考えだが、私は「バルス」は多要素認証で守られて「いない」と考える。ラピュタは強大な兵器であり、もし敵の手に渡ったら大変である。その場合は可及的速やかに停止させなければならない。緊急事態において、王家の血を引く人間を用意するのは大変であろう。したがって、私がラピュタのエンジニアなら生体認証はかけない。さらに、ラピュタが敵の手に落ちているということは、飛行石も相手側にあると考えるのが自然だ。もし所持認証をかけてしまうと停止させることができなくなる。以上から、「誰が呪文を唱えたとしても」「飛行石を持っていなくても」「ラピュタが起動している状態でバルスとさえいえば（その言葉がラピュタに感知されれば）」ラピュタは停止すると思われる。少なくとも私がラピュタのエンジニアならそうする。一般に、「ヤバい」ものほど、起動は面倒に、停止は簡単にするのがセオリーである。ちなみに、もし「バルス」に「所持認証」と「生体認証」がかかっていたとしても、シータが呪文を唱えれば発動要件を満たすはずだ。この状態でシータがパズーに滅びの言葉を教えたときになぜ発動しなかったのか、ラピュタ好きな友人に聞いてみたことがある。その友人は、「シータがパズーの手に指で文字を書いて教えたのだろう」と答えた。なるほど。

第8章 リモートリポジトリの操作

8.1　リモートリポジトリ

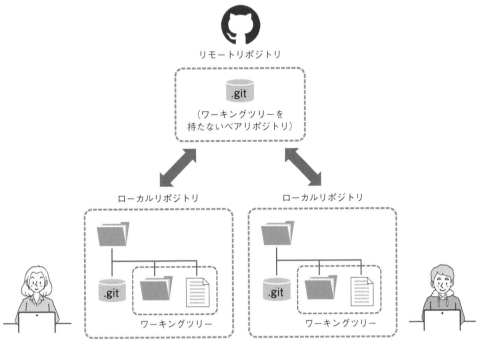

図8.1　リモートリポジトリとローカルリポジトリ

　複数の人が同じプロジェクトに所属して開発を進めているとき、もしくは個人開発で家のマシンと大学のマシンの両方で開発を進めているとき、複数の場所からプロジェクトの最新情報にアクセスできる必要がある。そのようなときに使うのがリモートリポジトリだ（図 8.1）。このとき、リモートリポジトリに負わせる役目には 2 通りの考え方がある。1 つは中央集権型で、履歴など情報をすべてリモートリポジトリにのみ保存し、ローカルにはワーキングツリーのみ展開する、というものだ。もう 1 つは分散型で、リモートとローカル両方にすべての情報を保存しておき、適宜同期させるという方針をとる。Subversion などが中央集権型であり、Git は分散型である。分散型はそれぞれのリポジトリが完全な情報を保持していることから互いに対等なのだが、一般的には中央リポジトリという特別なリポジトリを作り、すべての情報を中央リポジトリ経由でアクセスする。この中央リポジトリを置く場所が GitHub である。

　Git では、複数のリモートリポジトリを登録し、それぞれに名前を付けて管理できる。しかし、通常は origin という名前のリモートリポジトリを 1 つだけ用意して運用することが多い。以下でもリモートリポジトリは 1 つだけとし、名前を origin とすることを前提とする。

8.1.1　ベアリポジトリ

　Git 管理下にあるプロジェクトには、ワーキングツリー、インデックス、リポジトリの 3 つの要素がある。ワーキングツリーは現在作業中のファイル、インデックスは「いまコミットをしたら歴史に追加されるスナップショット」を表し、リポジトリはブランチやタグを含めた歴史を保存している。しかしリモートリポジトリはワーキングツリーやインデックスを管理する必要がない。そこで、歴史とタグ情報だけを管理するリポジトリとして ベアリポジトリ というものが用意されている。リモートリポジトリはこのベアリポジトリとなっている。ベアリポジトリは project.git と、「プロジェクト名 +.git」という名前にする。Git の管理情報は、.git というディレクトリに格納されているが、ベアリポジトリはその .git の中身だけを含むリポジトリであることに由来する。git init 時に --bare オプションを付けるとベアリポジトリを作ることができる。

```
git init --bare project.git
```

　しかし、リモートサーバとして GitHub を使うならば、ベアリポジトリを直接作成することはないであろう。ここでは、リモートリポジトリは「プロジェクト名 +.git」という名前にする、ということだけ覚えておけばよい。

8.1.2　認証とプロトコル

　ほとんどの場合、リモートリポジトリはネットワークの向こう側に用意する。したがって、なんらかの手段で通信し、かつ認証をしなければならない。まず、「リポジトリがインターネットのどこにあるか」を指定する必要がある。この、インターネット上の住所といえる文字列を **Uniform Resource Locator**（URL）と呼ぶ。例えば Google 検索をする際、ブラウザで https://www.google.com/ にアクセスしているが、この文字列が URL である。

GitHub にアクセスする場合、通信手段（プロトコル）として大きく分けて SSH と HTTPS の 2 つが存在し、それぞれ認証方法が異なる。SSH では公開鍵認証を、HTTPS では個人アクセストークン（Personal Access Token, PAT）により認証をする。本書では SSH による公開鍵認証を用いることにして、PAT については触れない。

GitHub のリポジトリには、パブリックなリポジトリとプライベートなリポジトリがある。パブリックなリポジトリは、誰でも閲覧可能だが、プライベートなリポジトリは作者と、作者が許可した人（コラボレータ）しかアクセスできない。また、ローカルの修正をリモートに反映させるには適切な認証と権限が必要となる。

8.1.3　リモートリポジトリの使い方

リモートリポジトリは、単にリモートと呼ぶことが多い。いま、自分が参加している、もしくは自分自身のプロジェクトのリポジトリがリモートにあったとしよう。最初に行うことは、リモートリポジトリからプロジェクトの情報を取ってくることだ。これを **クローン (clone)** と呼ぶ。クローンすると、リモートにある歴史のすべてを取ってきたうえで、デフォルトブランチ（多くは main）の最新のスナップショットをワーキングツリーとして展開する。このようにして手元の PC に作成されたリポジトリをローカルリポジトリ、または単にローカルと呼ぶ。

さて、ローカルにリポジトリができたら、通常のリポジトリと同様に作業する。まずはブランチを切って作業をして、ある程度まとまったらメインブランチにマージする。これにより、メインの歴史がローカルで更新された。この歴史をリモートに反映することを **プッシュ (push)** という。

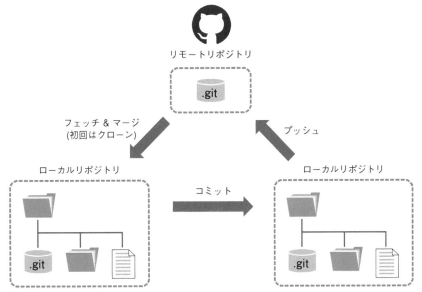

図 8.2　リモートリポジトリを使った開発サイクル

　次にローカルで作業をする際、リモートの情報が更新されているかもしれないので、その情報をローカルに反映する。この作業を **フェッチ（fetch）** という。フェッチによりリモートの情報がローカルに落ちてくるが、ローカルの歴史は修正されない。ローカルの歴史にリモートの修正を反映するにはマージする。リモートの修正をローカルに取り込んだらローカルを修正し、作業が終了したらプッシュによりローカルの修正をリモートに取り込む。以上のサイクルを繰り返すことで開発が進んでいく（図8.2）。以下、それぞれのプロセスを詳しく見てみよう。

8.2　リモートリポジトリに関する操作

8.2.1　クローン

　リモートリポジトリの情報をクローンするとき、すなわち、ローカルに初めて持ってくるときには `git clone` を使う。この際、クローン元の場所を指定する必要がある。GitHub のリポジトリをローカルにクローンする際には、通信プロトコルを HTTPS とするか SSH とするかにより、URL が異なる。例えば GitHub の `kspub-github-book` というアカウント（正確には Organization）の、clone-sample というプロジェクトにアクセスしたいとき、それぞれ URL は以下のようになる。

- HTTPS の場合：`https://github.com/kspub-github-book/clone-sample.git`
- SSH の場合：`git@github.com:kspub-github-book/clone-sample.git`

　`git clone` によりリモートリポジトリをローカルにクローンするには、上記の URL を指定する。まず、HTTPS プロトコルの場合は以下のように指定する。

```
git clone https://github.com/kspub-github-book/clone-sample.git
```

　すると、カレントディレクトリに clone-sample というディレクトリが作成され、そこにワーキングツリーが展開される。リポジトリがパブリックである場合、誰でも HTTPS プロトコルを用いてクローンできる。ただし、ローカルの修正をリモートに反映させる（プッシュする）ためには、個人アクセストークンが必要となる。

　SSH プロトコルの場合は以下のようにする。

```
git clone git@github.com:kspub-github-book/clone-sample.git
```

　パブリックなリポジトリである場合でも、SSH でクローンするためには公開鍵による認証が必要となるため、上記のコマンドを実行すると認証に失敗し、クローンはできない。

とりあえず

- 他人が作ったリポジトリを使うためにクローンする場合は HTTPS
- 自分が作ったリポジトリ（もしくはフォーク[*1]したリポジトリ）を使うためにクローンする場合は SSH

と覚えておけばよい。

クローンにより、それまでの「歴史」すべてと、デフォルトブランチの最新のコミットがワーキングツリーとして展開される（図 8.3）。

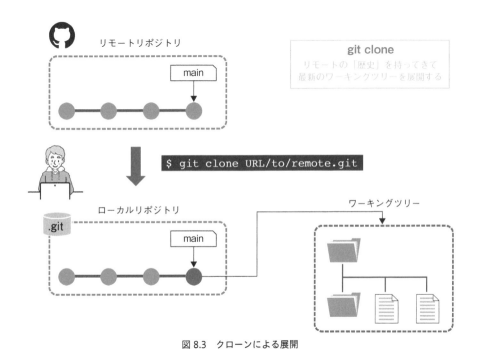

図 8.3　クローンによる展開

以後は、ローカルリポジトリとして通常通りブランチを作ったり、コミットしたりできる。

8.2.2　プッシュ

ローカルで作業し、歴史がリモートよりも進んだとしよう。ローカルの歴史をリモートに反映することをプッシュと呼び、git push により行う（図 8.4）。

---

*1　フォークについては第 10 章を参照。

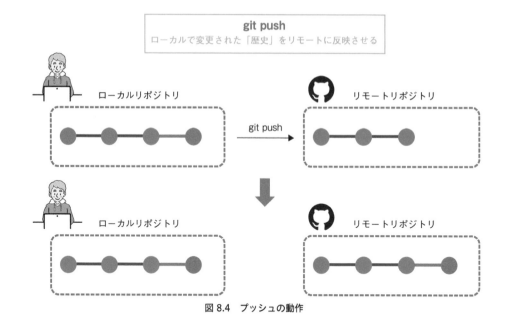

図 8.4　プッシュの動作

8.2.3　フェッチ

　ローカルにクローン済みのリポジトリがあり、リモートで歴史が進んでいる場合、その歴史をローカルに反映させる必要がある。そのときに行うのがフェッチであり git fetch により行う（図 8.5）。

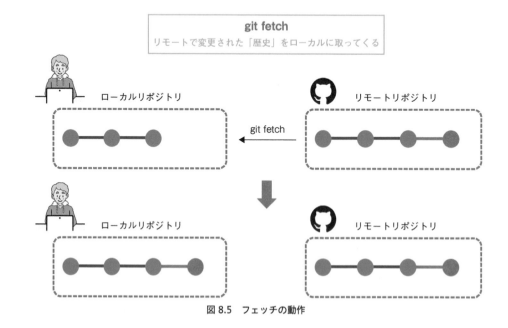

図 8.5　フェッチの動作

　ここで注意したいのは、git fetch は更新された歴史をローカルに持ってきてくれるが、ローカルのブランチは移動しない、ということだ。リモートの修正をローカルに取り込むには、フェッチのあとにマージを実施する必要がある（図 8.6）。

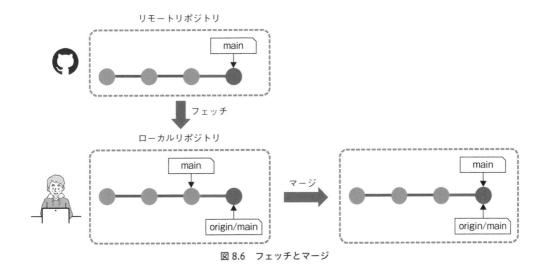

図 8.6　フェッチとマージ

　リモートの歴史をフェッチによりローカルに取ってきた際、リモートにある main ブランチは、origin/main という名前でローカルに保存される。リモートブランチは git branch では表示されないが、git branch -a と、-a オプションを付けると表示される。

```
$ git branch
* main

$ git branch -a
* main
  remotes/origin/HEAD -> origin/main
  remotes/origin/main
```

　remotes/origin/main というのは、origin という名前のリモートリポジトリの main ブランチであることを表現している。リモートリポジトリは複数設定でき、それぞれに自由に名前を付けることができる。通常、リモートリポジトリは 1 つだけ設定し、名前を origin とすることが多い。

　リモートで更新された歴史をフェッチする前は、ローカルリポジトリはリモートが更新されていることを知らないので、main と origin/main は同じコミットを指している。しかし git fetch によりリモートの情報が更新されると、新たに増えたコミットを取り込むと同時に、リモートの main ブランチが指しているコミットを、ローカルの origin/main ブランチが指す。これにより、リモートの情報がローカルに落ちてきたことになる。あとは、origin/main を通常のブランチと同様に git merge することで、リモートの修正をローカルのブランチに取り込むことができる。

8.3　上流ブランチとリモート追跡ブランチ

　Git ではローカルにリモートの情報のコピーを用意しておき、それを介してリモートとやりとりする。慣れないとこのやりとりがイメージしづらいので、一度しっかり理解しておきたい。リモートとのやりとりには、特別なブランチを用いる。

　いま、リモート (origin) にも、ローカルにも main というブランチがあるとしよう。Git では、リモートにある情報もすべてローカルにコピーがある。リモート origin の main ブランチに対応するブランチは origin/main という名前でローカルに保存されている。このブランチを、ローカルの main ブランチの **上流ブランチ (upstream branch)** と呼ぶ。最初にクローンした直後、main ブランチと共に、「リモートの main ブランチ」に対応する origin/main というブランチが作成され、自動的に origin/main ブランチが main ブランチの上流ブランチとして登録される。ローカルの origin/main は、リモートの main を追跡しており、git fetch や git push により同期する。リモートの main ブランチに対して、origin/main を **リモート追跡ブランチ (remote-tracking branch)** と呼ぶ。図解すると図 8.7 のようになる。

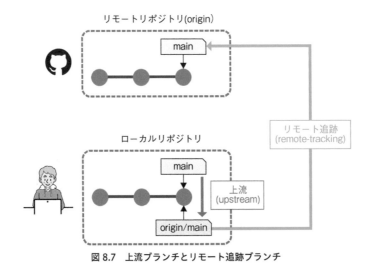

図 8.7　上流ブランチとリモート追跡ブランチ

　ローカルの main ブランチにとっての「上流」はローカルの origin/main ブランチであり、origin/main を main の上流ブランチと呼ぶ。また、ローカルの origin/main ブランチはリモートの main ブランチをリモート追跡しており、origin/main をリモートの main ブランチのリモート追跡ブランチと呼ぶ。つまり origin/main は上流ブランチであると同時に、リモート追跡ブランチでもあることに注意したい。

　最初にリポジトリをクローンしたとき、メインブランチである main ができるが、自動的に上流ブランチ origin/main も作成される。ローカルの main はローカルの origin/main を、ローカルの origin/main はリモートの main を見ている。

　上流ブランチは、git fetch、git merge、git rebase などで、引数を省略したときの対象ブランチとなる。先の fetch、merge、push などの操作を、ブランチがどのように動くかも含めてもう一度見てみよう。

　まず、リモートリポジトリの main の歴史が、ローカルの main よりも進んでいる状態で git fetch しよう。main に上流ブランチ origin/main が設定されており、origin/main はリモートの main をリモート追跡しているため、これは

```
git fetch origin main
```

つまり「リモートリポジトリ origin の main ブランチの指す情報をローカルに取ってこい」と同じ意味となる。するとリモートから「進んでいる歴史」分のコミットがローカルに落ちてきて、さらにローカルの origin/main ブランチが先に進む。これにより、リモートの main と、ローカルの origin/main の持つ歴史が同じになった（図 8.8）。

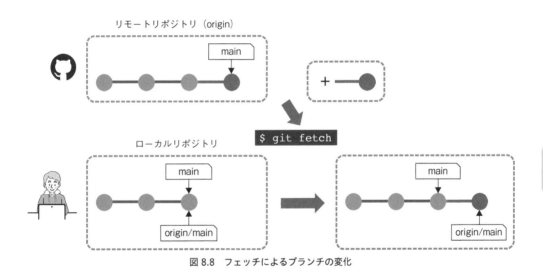

図 8.8　フェッチによるブランチの変化

　次に、git merge を実行する。カレントブランチが main であり、上流ブランチとして origin/main が設定されているため、これは

```
git merge origin/main
```

と同じ意味である。今回のケースでは Fast-Forward マージが可能であるため、単に main が origin/main の指すのと同じコミットを指すように移動する。これにより、ローカルの main がリモートの main と同じ歴史を持つようになった。

　次にプッシュを見てみよう。コミットをすることで、ローカルにある main ブランチの歴史が進んだ。しかし、origin/main はそのままだ。この状態で git push をしよう。

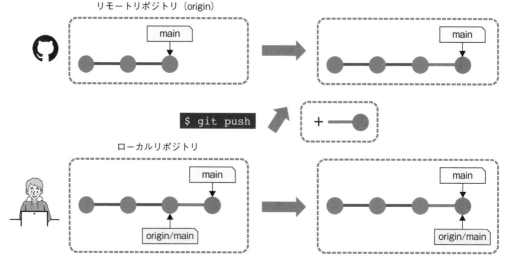

図 8.9　プッシュによるブランチの変化

すると、図 8.9 のように、ローカルで新たに追加されたコミットがリモートに送られ、リモートの main ブランチが先に進む。さらに、ローカルの origin/main ブランチも先に進む。これにより、ローカルの main ブランチ、origin/main ブランチ、リモートの main ブランチがすべて同じ歴史を共有できた。

まとめると以下のようになる。

- `git fetch` により、リモートの main とローカルの origin/main が同じ状態になる
- `git merge` により、ローカルの main と origin/main が同じ状態になる
- `git push` により、ローカルの main と origin/main、リモートの main が同じ状態になる

`git fetch` や `git push` などはリモートやブランチを自由に指定できるが、まずは引数なしでの利用方法を覚えるとよい。

8.4　その他の知っておいたほうがよいこと

個人開発においては、リモート操作は初回の `git clone`、そして開発中の `git fetch` と `git push` だけ覚えておけばよい。しかし、Git には他にもリモート操作のためのコマンドがある。リモート操作がらみで気をつけるべきことと合わせて簡単に紹介しておこう。

8.4.1　git remote

リモートリポジトリを管理するコマンドが `git remote` だ。`git remote` を普段使うことはあまりないが、既存のローカルリポジトリを GitHub に登録するときには必要となる。その場合は、まず

GitHub にベアリポジトリを作っておき、

```
git remote add origin git@github.com: アカウント名 /project.git
```

などとしてリモートリポジトリをローカルリポジトリに登録する。また、ローカルの main ブランチに上流ブランチを設定する必要がある。git branch -u で設定できるが、最初の git push 時に -uで指定するのが一般的だ。

```
git push -u origin main
```

これは

- リモートの main をリモート追跡するブランチ origin/main ローカルブランチを作る
- 情報をリモートに送信する
- main の上流ブランチとして origin/main を設定する

という操作である。もし -u オプションを付けなかった場合、

- リモートの main をリモート追跡するブランチ origin/main ローカルブランチを作る
- 情報をリモートに送信する

という処理のみ行い、main ブランチの上流ブランチの設定はしない。あとで origin/main を main の上流にしたくなった場合は、カレントブランチが main の状態で

```
git branch -u origin/main
```

を実行する。

　git remote remove により、リモートリポジトリを削除できる。よくある使い道は、リモートリポジトリ origin として SSH で登録するはずが、HTTPS で登録してしまったので修正したい場合だ。このとき、あとで正しい URL を git remote add しようとしても

```
error: remote origin already exists.
```

とエラーが出て登録できない。このような場合は

```
git remote remove origin
```

として、一度 origin を削除してから git remote add をやり直せばよい。なお、ここで削除されるのは「ローカルにある origin がどの URL を指しているか」の情報だけであり、リモートリポジトリにはなんら影響を与えない。

8.4.2　**git pull**

git pull を実行すると、git fetch と git merge を一度に行うことができる。カレントブランチに上流ブランチが設定されている状態で

```
git pull
```

を行うと、

```
git fetch
git merge
```

を実行したのと同じ状況になる。

　しかし、git pull の動作は、特に引数を指定したときに直観的でないため、慣れない人が使うとトラブルを起こすことが多い。慣れるまでは、とりあえず git pull の存在は忘れ、git fetch してから、git merge する習慣をつければよい。

8.4.3　プッシュしたブランチをリベースしない

　リモートリポジトリとローカルリポジトリの「歴史」は git fetch や git push により同期できる。git fetch をした場合、Git はローカルの origin/main が指すコミットと、リモートの main が指すコミットを比較することで「差分」を検出する。したがって、git fetch をする場合、ローカルにある origin/main の指すコミットがリモートに存在することが前提となる。push も同様だ。

　普通に作業をしていれば、歴史は増える一方で減ることはないから、昔存在したコミットが消えることはなく、origin/main が指すコミットは必ずリモートに存在する。しかし、Git には歴史を改変できるコマンドがある。第 5 章で説明した git rebase だ。

　git rebase により歴史を改変すると、リモートとローカルで歴史が食い違ってしまう。すると、git push は差分の追加だけ（Fast-Forward）でリモートを更新できなくなる。

　このようなときのために、git push に -f オプションを付けることで、強制的にプッシュできる。

```
git push -f
```

これにより無理やりローカルの歴史をリモートに反映させることができる（図 8.10）。

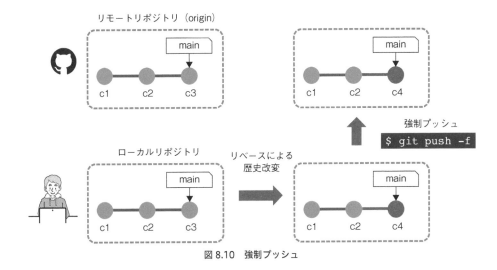

図 8.10　強制プッシュ

　しかし、プッシュ済みの歴史が改変されてしまうと、他のローカルリポジトリの持つ歴史と矛盾することになる。もともとリモートの main は c3 というコミットを指していた。その状態でクローンしたリポジトリは、origin/main が c3 を指すことになる。ところが、その後リベースにより改変された歴史が強制プッシュされてしまうと、origin/main が指していた c3 というコミットがなくなってしまう（図 8.11）。

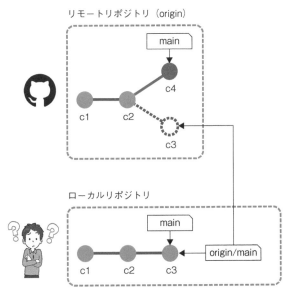

図 8.11　強制プッシュした結果、歴史を共有できなくなった状態

第8章

多人数開発であればもちろんのこと、個人の開発でも、家と大学の PC でリポジトリの歴史に矛盾が出たら混乱を引き起こす。

慣れるまでは、原則として

- リベースはローカルブランチのみ
- プッシュ済みのブランチ（特に main）はリベースしない
- 強制プッシュ（git push -f）は使わない

ということを守ればよい。もし「しまった！」と思った場合でも、ほとんどの場合、強制プッシュする前であればなんとかなることが多い。自分で解決しようとせず、Git に詳しい人へ助けを求めること。

8.5　まとめ

Git では、リモートリポジトリとやりとりをすることで開発を進める。通常、リモートリポジトリは 1 つだけであり、origin という名前を付ける。通常の開発の流れは以下のようになるだろう。

1. git fetch によりリモートの更新をダウンロード
2. git merge によりリモートの更新を取り込む
3. git switch -c newbranch により新たに newbranch ブランチを切って作業開始
4. 作業が終了したら（好みに応じて newbranch ブランチから main にリベースしてから）main から newbranch をマージする
5. git push する

リモートリポジトリとはリモート追跡ブランチを使って情報を同期する。ローカルにある origin/main ブランチは、リモート origin の main ブランチをリモート追跡するブランチであり、また多くの場合においてローカルの main ブランチの上流ブランチでもある。

Git のリモート関連コマンドには、git pull や、git push -f など、危険なコマンドがある。意味を完全に理解するまではこれらのコマンドの使用は避けたほうがよいだろう。

8.6　演習問題

8.6.1　リポジトリの作成とプッシュ

前章では GitHub 側で新規リポジトリを作り、それをローカルにクローンした。しかし、まずローカルで開発を進め、ある程度形になったら GitHub へと登録することのほうが多いであろう。そこで、ローカルでリポジトリを作ってから GitHub に登録する作業を体験しよう。

ローカルにリポジトリを作る

ターミナルの github-book ディレクトリ以下に test2 というディレクトリを作ろう。

```
cd
cd github-book
mkdir test2
cd test2
```

ここでまた README.md ファイルを作る。VS Code で「フォルダーを開く」から github/test2 ディレクトリを開き、ファイルの追加ボタンを押して README.md を新規作成する。

内容はなんでもよいが、例えば以下の内容を入力して保存しよう。

```
# test2

The 2nd repository
```

この状態で、Git リポジトリとして初期化し、最初のコミットをしよう。

```
git init
git add README.md
git commit -m "initial commit"
```

Step2 GitHub にベアリポジトリを作る

GitHub のホーム画面左上の「Top Repositories」の右にある「New」をクリックする。Repository name は test2、Description はなくてもよいが、とりあえず「The 2nd repository」としておこう。また、今回も Private リポジトリとする。

空のリポジトリを作りたいので、「Initialize this repository with:」のチェックはすべて外した状態で「Create Repository」とすること。

すると、先ほどとは異なり、全くファイルを含まない空のリポジトリが作成される。そこには「次にすべきこと」がいくつか書いてあるが、ここでは「すでに存在するリポジトリをプッシュする（...or push an existing repository from the command line)」を選びたいので、そこに書かれている以下のコマンドをコピーする。

```
git remote add origin git@github.com: アカウント名 /test2.git
git branch -M main
git push -u origin main
```

これをターミナルに貼り付けて実行すれば、プッシュできる。この状態で、もう一度 GitHub の当該リポジトリを見てみよう。ブラウザをリロードせよ。リポジトリに README.md が作成された状

態になるはずだ。

8.6.2　リモートリポジトリの確認

git remote コマンドを使って、リモートリポジトリの情報を表示してみよう。

Step1　リポジトリのクローン

サンプル用リポジトリを HTTPS でクローンし、そのディレクトリに移動しよう。

```
cd
cd github-book
git clone https://github.com/kspub-github-book/clone-sample.git
cd clone-sample
```

Step2　リモート URL の表示

git remote -v を実行してみよう。以下のような表示になるはずだ。

```
$ git remote -v
origin  https://github.com/kspub-github-book/clone-sample.git (fetch)
origin  https://github.com/kspub-github-book/clone-sample.git (push)
```

　これは、リモートリポジトリの名前として origin が登録されており、fetch と push の対象となる URL としてどちらも https://github.com/kspub-github-book/clone-sample.git が登録されている、という意味だ。なお、Git は同じリモートリポジトリの名前で fetch と push に異なる URL を指定できるが、本書では扱わない。

Step3　SSH の場合のリモート URL

　SSH プロトコルでクローンした場合のリモートの表示も確認しよう。先ほど作成したリポジトリに移動し、git remote -v を実行せよ。

```
$ cd
$ cd github-book
$ cd test2
$ git remote -v
origin  git@github.com:アカウント名/test2.git (fetch)
origin  git@github.com:アカウント名/test2.git (push)
```

　上記のように、SSH プロトコルの場合はリモートリポジトリの URL が「git@github.com:アカウント名 / リポジトリ名 .git」となることが確認できる。

GitHub Pages へのデプロイ

▍本章で学ぶこと

　GitHub には静的なウェブサイトを公開できる **GitHub Pages** というサービスがある。この
サービスを使うと、簡単にウェブサイトを作成し、公開できる。以下では GitHub Pages の使
い方について説明を行う。

9.1　ウェブサーバとは

　我々が PC やスマホからウェブサイトを閲覧しているとき、裏で何が起きているか考えたことがあ
るだろうか？　まず、ウェブにあるリソースには https://www.example.com/hoge/index.html と
いうような名前が付いている。この、インターネットにおける住所の役割を果たす文字列を URL と
呼ぶのであった。この URL は以下のように分解される。

- https 通信のためのプロトコル。この場合は HTTPS（Hypertext Transfer Protocol Secure)
  というプロトコルで通信することを表している。プロトコル以外を指定することもあり、一般
  にはスキームと呼ぶ。
- www ホスト名。ウェブサーバの名前を表している。
- example.com ドメイン名。サーバの名前と合わせて IP アドレスが割り当てられる。ホスト名
  とドメイン名を合わせた www.example.com は**完全修飾ドメイン名（Fully Qualified Domain
  Name, FQDN）**と呼ばれる。
- hoge/index.html ファイルへのパス。ウェブサーバにとってのルートディレクトリから、目
  的のファイルまでのパスを表している。

　このうち、FQDN である www.example.com には、IP アドレスと呼ばれる一意な数字列が割り振
られている。IP アドレスには、世界中で 1 つしか存在できないグローバル IP アドレスと、組織の内
部ネットワークなどで利用されるプライベート IP アドレスがある。ウェブサーバを世界に公開する
ためにはグローバル IP アドレスが必要だ。さて、ウェブサーバへのアクセスは IP アドレスによっ
て行われるが、いちいち「このサーバのアドレスは 123.45.67.123 だ」と覚えるのは面倒だ。そこで、

IP アドレスと名前を辞書のように対応付けるサービスが **DNS（Domain Name System）** だ。PC や
スマホでネットにアクセスするとき、Chrome などのブラウザでアクセスする。ブラウザは、アク
セスしたい URL を見て、ウェブサーバのホスト名を調べる。そして DNS に IP アドレスを問い合わせ、
得られた IP アドレスのサーバにファイルを要求する。ウェブサーバはクライアントからの要求され
たファイルパスを調べて、自分のファイルシステムから要求されたデータを返す。ブラウザはサーバ
から必要なファイルを受け取り、最終的にユーザが見るページを作成する。我々が何気なくやってい
るネットサーフィンでも、裏にはこのような複雑なプロセスが動いていることに注意したい。

9.2　GitHub Pages とは

さて、何か情報をウェブに公開したいとする。そのためには、まず情報を公開するためのサーバが
必要だ。そのサーバは世界中からアクセスできなければならないため、グローバル IP アドレスを持ち、
ネットに常時接続していなければならない。ウェブサーバなどのサービスも起動している必要があり、
必要に応じてセキュリティパッチをあてるなどのメンテナンスが必要だ。これらをすべて個人で対応
するのは面倒であるため、すでに事業者が所有・管理しているサーバを利用するのが **ホスティングサー
ビス（hosting service）** だ。提供する内容はサービスによって異なり、ウェブサーバを提供するサー
ビスをウェブホスティングサービス、メールサーバを提供するサービスをメールホスティングサービ
スという。複数のサービスを提供する場合もある。

GitHub は Git のリモートリポジトリを提供するホスティングサービスであるが、その他にも多く
の機能を持っている。GitHub Pages というウェブホスティングサービスもその 1 つだ。通常のウェ
ブホスティングサービスでは、HTML ファイルなどを直接アップロードすることでウェブサイトを
公開できるが、GitHub Pages ではリポジトリにファイルをプッシュすることでウェブサイトにファ
イルをアップロードできる。また、マークダウン形式で記述されたファイルをアップロードすると、
自動で HTML に変換して表示するなど多くの機能を持つが、以下ではその一部を紹介する。

9.3　GitHub Pages の種類

GitHub Pages には、プロジェクト、ユーザ、Organization の 3 つの種類がある。Organization
については本書では説明しない。プロジェクトは、それぞれのリポジトリに対応したもので、ユーザ
名とリポジトリ名がそれぞれ username と project である場合、公開される URL は

```
https://username.github.io/project/
```

となる。これはリポジトリごとに作ることができる。

一方、username.github.io という名前のリポジトリを作ると、これはユーザページとなり、

```
https://username.github.io/
```

という URL でアクセスすると表示されるものとなる。これは、ユーザアカウントに対して 1 つだけ
作ることができる。

9.4　公開ディレクトリとブランチ

　GitHub Pages は「どのブランチをページとして公開するか」「どのディレクトリを公開するか」
の 2 つを指定する。最も簡単なのは、main ブランチの /(root) を公開することであろうが、用途や
目的に応じて変更する必要がある。

9.4.1　公開ディレクトリ

　いま、GitHub アカウント名が username であり、リポジトリ名が project であるとしよう。こ
のとき、リポジトリの構成が

```
project
└── index.html
```

と、リポジトリの直下に index.html というファイルが置いてあるとする。このリポジトリは

```
https://github.com/username/project/index.html
```

という URL でアクセスできる。もしリポジトリがパブリックなら誰でも閲覧可能だが、リポジトリ
がプライベートならば所有者しか閲覧できない。さて、このリポジトリの公開ディレクトリを /(root)
として GitHub Pages に公開しよう。すると、

```
https://username.github.io/project/
```

という URL でアクセス可能となり、アクセスすると index.html の中身が表示される。
　さて、公開するディレクトリを一番上 /(root) にしてしまうと、リポジトリにあるすべてのファ
イルが公開されてしまう。一般に、リポジトリは秘密にしたい情報も含むため、公開してよい情報の
みウェブサーバで閲覧可能にしたいこともあるだろう。そのために、公開用のディレクトリを用意す
る。
　例えば、リポジトリの構成が以下のようになっているとしよう。

```
project
├── docs
│   └── index.html
└── src
    ├── index.md
    └── secret.dat
```

　project というリポジトリに、src と docs という 2 つのディレクトリがある。src には index.md というマークダウンファイルがあるが、これを HTML に変換したものが docs/index.html である。ユーザが修正するのは index.md だが、公開したいのは index.html であるとする。また、src には secret.dat という、見られては困るが、HTML 生成には必要なデータがあるとしよう。公開ディレクトリを docs とすると、https://username.github.io/page/ へアクセスしたときに表示されるのは docs/index.html となり、閲覧者は src にはアクセスできなくなる。このように GitHub Pages では、リポジトリのうち、公開したいディレクトリを指定できる。

9.4.2　公開ブランチとデプロイ

　リポジトリとして閲覧するサーバと、ウェブサイトとして閲覧する場合のサーバは異なるため、ウェブサイトにファイルを公開するには、リポジトリからウェブサイトへ必要なファイルを生成・コピーしてやる必要がある。このように、ウェブサーバに必要なファイルを準備、および配置する一連の作業を**デプロイ（deploy）**と呼ぶ。

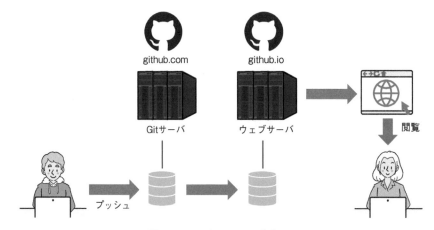

図 9.1　GitHub Pages のデプロイ

　GitHub では、特定のブランチにプッシュされたタイミングでデプロイが走る。GitHub Pages の公開設定がされたリポジトリの、公開用ブランチにプッシュされると、GitHub のリポジトリから GitHub Pages のウェブサーバにファイルが転送されることでユーザから閲覧可能になる（図 9.1）。このファイル転送のため、プッシュしてからウェブサイトが更新されるまで少しタイムラグがあることに注意したい。

　また、GitHub は公開用ブランチを設定できる。以前は gh-pages という特定のブランチへプッシュされたときにのみデプロイが走る設定であったが、現在は任意のブランチのプッシュを検出し、デプロイできるようになった。例えば公開ブランチを main にしていると、main へプッシュされるたびにデプロイが走り、ウェブサイトの内容が更新される。一般にはリポジトリを更新するタイミングと、ウェブサイトを更新するタイミングは異なるため、GitHub Pages の公開用ブランチを用意し、その

ブランチにプッシュがあったタイミングでデプロイを走らせるのがよいだろう。

デプロイはファイルをコピーするだけでなく、別の作業もできる。例えば GitHub Pages はデフォルトで Jekyll という静的サイトジェネレータが利用可能であり、マークダウンファイルから HTML を自動で生成できる。その他にもデプロイのタイミングでさまざまな作業をさせることができるが、本書では詳細は説明しない。

9.5 まとめ

GitHub には、ウェブサイトを公開するためのホスティングサービスがある。ウェブサイトを公開するためには、リポジトリの公開用のディレクトリとブランチを設定し、公開用ブランチにプッシュすればよい。その際、リポジトリから必要なファイルがウェブサーバにコピーされるが、この作業をデプロイと呼ぶ。デプロイのタイミングでさまざまな作業ができるが、本書では扱わない。詳細は GitHub Actions について調べてほしい。

9.6 演習問題

実際に GitHub Pages を用いてウェブサイトを公開してみよう。ただ公開してもおもしろくないので、何かしらインタラクティブな要素を持つサイトを作成し、公開する。

9.6.1 MNIST 学習済みモデルのテスト

MNIST は有名な手書き数字のデータセットだ。これを学習させたモデルをブラウザで読み込み、実際に数字を描いてみてちゃんと認識できるか確認してみよう。

Step1 リポジトリのフォーク

GitHub にログインした状態で、以下のサイトにアクセスせよ。

https://github.com/kspub-github-book/pages-sample

このサイトの右上に「Fork」というボタンがあるので、それを押す。すると「Create a new fork」という画面になるので設定はデフォルトのまま「Create Fork」ボタンを押す。これにより pages-sample がフォークされ、自分のアカウントのリポジトリとしてコピーされる。

Step2 Pages の設定

GitHub では、リポジトリの任意のブランチの、任意のディレクトリをホームページとしてウェブに公開できる。自分のアカウントの pages-sample リポジトリで、以下を実行せよ。

- 上のタブの「Settings」を選ぶ。
- 左のメニューから「Pages」を選ぶ。
- 「GitHub Pages」という画面になるので、「Source」は「Deploy from a branch」のまま、「Branch」が「None」となっているのでボタンをクリックし、main を選ぶ。
- 「/(root)」というボタンが現れるので、クリックして「/docs」を選んで「Save」ボタンを押す。

そのまま数分待ってから、その画面をリロードしよう。
準備ができていれば

```
Your site is live at https://ユーザ名.github.io/pages-sample/
```

という表示がされる。表示されたら、その表示の右にある「Visit site」ボタンを押すと、GitHub のリポジトリをウェブサイトとして公開したサイトが表示される。

　先ほどの設定は、main ブランチにあるスナップショットの、/docs をルートディレクトリとしてウェブサイトを公開せよ、という意味だ。今回は /docs 以下に index.html が置いてあるので、それが表示される。

Step3　数字認識を確認

　表示された画面には、2 つの黒い領域があるはずだ。左の「Please draw here」とあるほうにマウスで数字を入力してみよ。右側の「Input Image」が更新され、「Your figure is … 1!」などというメッセージが表示されるはずだ。

　学習済みモデルは、28x28 ピクセルの画像を学習しているため、入力された画像を、まずは 28x28 ピクセルに変換する必要がある。それが右側の「Input Image」である。この「Input Image」を学習済みニューラルネットワークに入力し、これが何の数字であるかを推定している。本来は前処理をして渡すのだが、それを省いているために認識精度がかなり低くなっているはずだ。いろいろ数字を入力し、どの数字の認識が悪いか試してみよ。

9.6.2　簡単なゲーム作成

簡単なブラウザゲームを作って公開してみよう。

Step1　リポジトリのフォーク

GitHub にログインした状態で、以下のサイトにアクセスせよ。

https://github.com/kspub-github-book/tyrano_sample

　このサイトの右上に「Fork」というボタンがあるので、それを押す。すると、tyrano_sample がフォークされ、自分のアカウントのリポジトリとしてコピーされる。

Step2 **Pages の設定**

先ほどと同様な手順で、GitHub Pages を公開しよう。

- 上のタブの「Settings」を選ぶ。
- 左のメニューから「Pages」を選ぶ。
- 「GitHub Pages」という画面になるので、「Source」は「Deploy from a branch」のまま、「Branch」が「None」となっているのでボタンをクリックし、main を選ぶ。
- 「/root」というボタンが現れるので、クリックして「/docs」を選んで「Save」ボタンを押す。

そのまま数分待ってから、その画面をリロードしよう。
準備ができていれば

```
Your site is live at https://ユーザ名.github.io/tyrano-sample/
```

という表示がされる。表示されたら、その表示の右にある「Visit site」ボタンを押すこと。「走るか寝るかするメロス」という画面が表示されたら成功だ。

Step3 **リポジトリのクローン**

GitHub の自分のアカウントの tyrano_sample をクローンしよう。https://github.com/ を開き、Repositories から「tyrano_sample」を選ぶ。「Code」ボタンの「Clone」から、リモートリポジトリの URL をコピーしよう。このとき、「HTTPS」ではなく「SSH」を選ぶこと。その後、ターミナルでクローンする。

```
cd
cd github-book
git clone git@github.com:アカウント名/tyrano_sample.git
cd tyrano_sample
```

クローンできたら、VS Code を開き、「フォルダーを開く」から、先ほどクローンしたディレクトリ（github-book/tyrano_sample）を開く。

Step4 Live Server のインストール

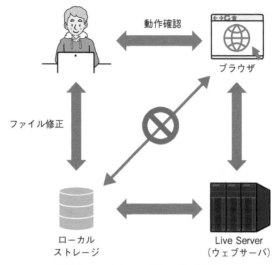

図 9.2　ローカルウェブサーバによる開発

　ブラウザはセキュリティの問題により PC ローカルにあるファイルへアクセスできない。もしブラウザが PC のファイルに自由にアクセスできてしまうと、悪意あるサイトにアクセスしただけで個人情報を引き抜かれてしまう可能性があるからだ。しかし、ブラウザゲームを開発する際、開発中のデータがブラウザでどう見えるかをチェックしたいが、いちいち修正するたびにウェブサーバへファイルをアップロードするのは非効率的だ。そこで、PC ローカルにウェブサーバを立てて、そのサーバ経由でローカルファイルにアクセスすることでゲームのデバッグを行うことにしよう（図 9.2）。PC ローカルにウェブサーバを立てることで、そのサーバにとっては PC のストレージは自分のストレージだから自由にアクセスできる。また、ブラウザはあくまでもウェブサーバ経由でファイルを要求していることになり、直接ローカルストレージにアクセスしているわけではない。このウェブサーバは自分しか利用せず、他人がアクセスすることはないのでセキュリティ的にも問題ない。

　ローカルウェブサーバの立て方だが、VS Code には Live Server というウェブサーバ機能を持つ拡張機能があるので、それを利用しよう。VS Code の左の「拡張機能」マークをクリックするか、Ctrl+Shift+X（Mac ならば Shift+Command+X）により拡張機能を開き、「Live Server」を探してインストールする。インストールに成功すると、右下に「Go Live」という表示がされるはずだ。

　VS Code のエクスプローラーから docs/index.html を開き、右下の「Go Live」をクリックする。ブラウザが開いて「走るか寝るかするメロス」がプレイできれば成功だ。URL は http://127.0.0.1:5500/docs/index.html となっているであろう。このタブをデバッグで使うので閉じないこと。

Step5 シナリオファイルの修正

　VS Code のエクスプローラーから docs/data/scenario/first.ks を開く。冒頭が以下のようになっているはずだ。

```
*start

[title name=" 走るか寝るかするメロス "]
[hidemenubutton]
[wait time=200]
[freeimage layer="base"]
```

この、[title name=" 走るか寝るかするメロス "] を書き換えて保存し、先ほどのゲーム画面を開こう。
自動でリロードされ、ブラウザのタブに表示されているタイトルが変わっていれば成功だ。

Step6 オリジナルゲームの作成

シナリオファイル first.ks を修正し、必要があれば画像を追加し、オリジナルゲームを作成せよ。
そして、完成したゲームを GitHub に push せよ。

原則として、入力された文字がそのまま画面に表示されるが、「タグ」と呼ばれる機能でゲームを
制御する。例えば、

```
「走るか寝るかするメロス」[l][r]
```

の [l] はマウスの入力待ち、[r] は改行をする命令だ。
選択肢は

```
[link target=*tag_sleep] →寝る [endlink][r]
[link target=*tag_run] →走る [endlink][r]
[s]
```

のように作る。[link] と [endlink] で囲まれたテキストをクリックすると、target= で指定された
ラベルにジャンプする。例えば「→寝る」をクリックすると *tag_sleep のある場所にジャンプする。
その先はこうなっている。

```
*tag_sleep

[cm]

[bg storage=sleep.jpg time=500]

メロスは死んだように深く眠った。[l][r]
勇者は、ひどく赤面した。[r]

【 BAD END 】[l][cm]

[jump target=*start]
```

[cm] はテキストをクリアする命令だ。[bg] は背景画像を指定する。bgimage というディレクトリ

にある画像を storage=filename により指定することで表示する。time は表示するまでの時間（ミリ秒）だ。

　最後に [jump target=*start] で *start ラベル、つまりゲームの最初に戻っている。

Step7 **完成したゲームのデプロイ**

　ゲームが完成したら、GitHub Pages にデプロイする。

　まず Live Server により、ローカルで動作確認を行うこと。特に、シナリオファイル first.ks の保存を忘れないこと。VS Code のタブの「first.ks」の隣が「●」になっていたら保存されていない。保存されていると「×」となるはずなので、必ず保存すること。

　ローカルでの動作確認が済んだら、以下の手順でプッシュせよ。

1　カレントディレクトリが github/tyrano_sample であることを確認する。
2　その場所で git add . を実行する。
3　git commit -m "updates" を実行する。
4　git push を実行する（パスフレーズを入力すること）。

　プッシュができたら、数分待ってから GitHub の「Settings」「Pages」にある

　https:// アカウント名 .github.io/tyrano_sample

をクリックし、動作確認を行うこと。画像ファイルの反映には時間がかかるので注意。

● **よく使うタグ**

　ここで用いているのはティラノスクリプト Ver. 4 というスクリプト言語であり、タグによりゲームを制御する。

　よく使うタグを以下にまとめておく。

- [l]：このタグに到達すると、マウスのクリック待ちとなる。数字の 1 ではなく、小文字の L であることに注意。
- [r]：改行する。
- [cm]：テキストをクリアする。画面の切り替えの前などに使う。
- [bg storage=filename.jpg time=500]：docs/data/bgimage にある背景画像を表示する。すでに run.jpg と sleep.jpg があるので、必要に応じてファイルをそこに追加すること。
- *label：文頭でアスタリスク * に続けて文字を並べるとラベルとなる。[jump] や [link] と組み合わせて使う。
- [jump target=*label]：ラベルにジャンプする。ゲームの最初に戻るときなどに使う。
- [link target=*label][endlink]：この 2 つで囲まれたテキストをクリックすると、*label で指定された場所にジャンプする。物語を分岐させるのに使う。

その他のタグについては公式サイトのタグリファレンス https://tyrano.jp/tag/v4 を参照のこと。

◎ 注意

ここで作成するゲームは全世界に公開されるため、十分に注意すること。特に以下のことに注意せよ。

- 公序良俗に反するような内容としてはならない。
- たとえ友人であっても特定個人を揶揄するような内容にしてはならない。有名人も題材としないほうがよい。
- 画像を用いる場合は、ライセンスに問題ないものを利用すること。画像検索で出てくる画像は著作権者の許諾がないと使えないものがほとんどである。ライセンスフリーの画像サイトなどを利用すること。
- 写真を用いる場合は肖像権に気をつけること。自分が撮影した写真であっても、他人が写っている場合は、その人の許可がなければ公開できない。

第9章

第 10 章 GitHub における多人数開発

▶ 本章で学ぶこと

GitHub は、Git によるソースコード管理をホスティングするのみならず、多人数開発に必要な機能を多く持っている。以下では、GitHub が持つ多人数開発支援機能について説明する。

10.1　課題管理システム

多人数がかかわるソフトウェア開発において重要なのは、現在どんな作業が実行中であり、次に何をすべきかを把握することだ。そこで、注意すべきタスクを**課題（issue）**という単位で管理し、把握するためのシステムが**課題管理システム（Issue Tracking System, ITS）**だ。ソフトウェアでは課題としてバグを扱うことが多いため、**バグ管理システム（Bug Tracking System, BTS）**とも呼ばれる。

10.1.1　issue

Git では、原則としてメインブランチで作業をしない。これから作業をする内容に対応したブランチを作成し、そのブランチ上で作業し、完成したらメインブランチにマージする、という作業を繰り返すことで開発を進める。それぞれの作業に対応するブランチを作業ブランチと呼ぶ。作業ブランチはトピックブランチ、もしくはフィーチャーブランチとも呼ばれる。

一般に、必要な作業は複数同時に発生する。このとき、どのタスクを実行中で、どのタスクが手つかずか、タスク管理をしたくなる。原則としてタスクと作業ブランチは一対一に対応するのであるから、それらをツールで一度に管理したくなるのは自然であろう。それが GitHub の issue である。issue を新しく作成、登録することを「オープンする」と呼ぶ。作業が終了するなどしてその issue が不要になり、終了ステータスに変更することを「クローズする」という。

issue は単純に Todo リストとして利用もできるが、Git のブランチと紐付けることもできる。ブランチと issue を紐付ける場合、以下のような流れで開発を進める。

- これから行う作業を issue として登録する（issue がオープンする）
- 登録された issue のうち、これから手をつける issue に対応した作業ブランチを作成する

## 第 10 章

- 作業ブランチで作業し、修正をコミットする
- メインブランチにマージする（これがプッシュされたタイミングで issue がクローズされる）

10.1.2　Project

複数の issue のそれぞれの状態を管理するため、GitHub には Project という機能が用意されている。Project にはテーブル型やボード型などいくつかの表示方法があるが、本書では「カンバン方式」と呼ばれるボード型の Project で issue の状態を管理する方法を紹介する。

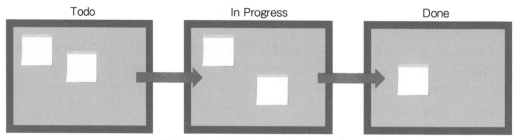

図 10.1　カンバン方式によるプロジェクト管理

カンバン方式では、Issue の状態を「Todo」「In Progress」「Done」の 3 つに分けて管理する（図10.1）。Todo は「これからやるべき課題であり、まだ手をつけていないもの」、「In Progress」は「いま作業中のもの」、「Done」は「終了したもの」だ。例えば、課題が見つかったらとりあえず「Todo」に入れておき、誰かが着手したら対応するブランチを作成すると同時に「In Progress」に移動する。その作業が終了したら「Done」に移動させることで、この issue がクローズする。演習問題で見るように、コミットと issue を紐付けることで、プッシュにより自動的に issue をクローズすることもできる。

10.2　プルリクエスト

GitHub には **プルリクエスト（pull request）** というシステムがある。これは、ソフトウェアに対してなんらかの修正を加えたときに、それをマージするようにリポジトリの所有者に依頼するシステムだ。修正をプルするように要求するのでプルリクエスト、あるいは省略してプルリクと呼ばれる。オープンソースソフトウェアに機能追加やバグ修正などを行ってソフトウェア開発者に取り込んでもらったり、チーム開発時にコードレビューするときなどに用いる。以下、それぞれについて説明する。

10.2.1　他人のリポジトリに対するプルリクエスト

GitHub で公開されているソフトウェアに対して、開発者以外が機能追加やバグ修正の提案をしたいとする。このような場合に用いるのがプルリクエストである。

いま、Alice が、あるソフトウェアを alice/repository として公開しているとしよう。このソ

フトウェアに対して、Bob が不具合を見つけたので、バグの修正をしたいとする。しかし、Alice の
リポジトリを Bob が直接書き換えるわけにはいかない。そこで、図 10.2 のような手続きをとる。

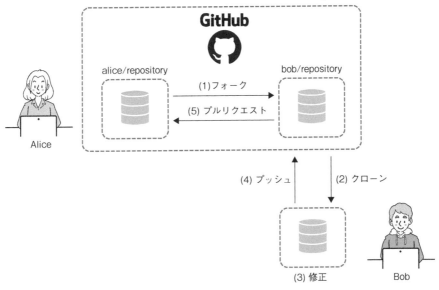

図 10.2　プルリクエストの仕組み

(1) Bob は Alice のリポジトリを自分のリポジトリとしてコピーする。この作業を**フォーク（fork）**と
呼ぶ。このコピーは GitHub 上で行われる。フォークしたリポジトリは、bob/repository となり、
所有権は Bob のものになるから好きに修正できるようになる。
(2) Bob はフォークしたリポジトリを自分の PC へクローンする。
(3) Bob はローカルでバグを修正し、テストが済んだらコミットする。
(4) Bob はローカルでの修正を GitHub にプッシュする。
(5) Bob は GitHub でフォーク元へのプルリクエストを作る。すると Alice に通知が飛ぶので、Alice
は修正内容を確認し、マージする。マージされたプルリクエストはクローズされる。

以上のようにして他人のソフトウェアに修正依頼を行うことができる。バグを発見したとき、作者
に「このようなバグがあったので修正してください」と伝えるだけでもよいが、もし自分で直せるの
であれば、「このようなバグがあったので修正しました。よければこの修正を取り込んでください」
と伝えたほうが建設的である。

10.2.2　コードレビュー

多くのソフトウェア開発現場で、**コードレビュー（code review）**という開発手法が採用されている。
コードレビューとは、ソフトウェアに対する修正を取り込む前に、コードを書いた人とは異なる人が

チェックすることで、ソフトウェアの品質を高め、バグを発見しやすくする手法だ。コードレビューには、コードのレビューを依頼する人である**レビューイ (reviewee)** と、コードのレビューをする人である**レビュアー (reviewer)** の 2 つの役割がある。コードレビューは、図 10.3 のような手続きをとる。

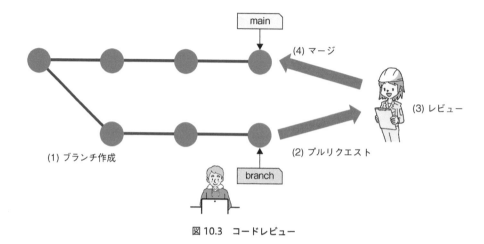

図 10.3　コードレビュー

(1) プログラムの機能を追加する際、担当者はフィーチャーブランチを作成して作業する。

(2) 予定していた機能を完成させたら、プルリクエストを作成し、レビューを依頼する。GitHub ではプルリクエスト作成画面に「Reviewers」というレビュアーを指定する項目があり、ここでレビュアーを指名する。

(3) 指名されたレビュアーはプルリクエストの内容を吟味し、適宜修正依頼を出す。レビュアーは機能だけでなく、プログラムの書き方やバグの有無などもチェックする。

(4) レビュアーは、最終的に問題ないと判断したら開発ブランチ（main や devel など）にマージする。

このように、「コードを開発する人」と「コードの品質を確認する人」に分かれてコードを開発するのがコードレビューである。一人で開発していると見落としが発生したり、個人の書き方の癖などがソフトウェアに入り込んだりする可能性がある。コードレビューすることで、チーム内のソフトウェアの品質を一定に保つことができる。また、プログラマが他人に読まれることを前提としてコードを書くようになるため、可読性が高くなることも期待される。

10.3　まとめ

GitHub には多人数開発のための多くのツールが実装されているが、その中で課題管理システムとプルリクエストを紹介した。多人数開発は奥が深く、いまも新しい開発理念や手法が開発され続けている。また、開発文化はチームによって異なり、ある職場での常識が別の職場での非常識となることもあるだろう。大事なのはチーム内での意思統一であり、ツールはその補助に過ぎない。ツールの使

い方に拘泥することなく、何が大事で、何のためにそのプロセスを採用するのか、よく話し合って決めてほしい。

10.4 演習問題

10.4.1 issue のオープンとクローズ

ブランチと issue を連携させた開発について体験してみよう。

Step1 リポジトリの作成とクローン

新しく issuetest という名前で、`README.md` を持つリポジトリを作成せよ。「Create a new repository」画面で、名前を issuetest とし、「Add a README file」にチェックを入れた状態で「Create repository」をクリックすればよい。

リポジトリを作成したら、ターミナルでクローンせよ。

```
cd
cd github-book
git clone git@github.com/ アカウント名 /issuetest.git
cd issuetest
```

Step2 issue の作成

ブラウザで issuetest リポジトリを表示した状態で以下の作業を実施せよ。

1 「Code」「Issues」「Pull requests」「Actions」「Projects」などのメニューが並んだタブから「Issues」を選び、「New Issue」ボタンを押す。
2 「Add a title」の下（Title と書いてあるところ）に「README の修正」と書く。
3 「Add a description」の下（Add your description here... とあるところ）に「内容を追加」と書く。
4 右側の「Labels」をクリックし、現れたメニューから「enhancement」を選ぶ。

以上の操作のあと「Submit new issue」ボタンをクリックする。すると、「README の修正 #1」という issue が作られたはずだ。ここで「#1」とあるのは issue 番号であり、issue を作るたびに連番で付与される。この画面はあとで使うので、そのままブラウザを閉じないこと。

Step3 ブランチの作成

次に、issue に対応するブランチを作成する。ブランチの命名規則にはさまざまな流儀があるが、先ほど付けたラベル、issue 番号、そして修正内容を含めるのが一般的だ。ここではディレクトリ型の命名規則を採用しよう。ディレクトリ型の命名規則では「ラベル /issue 番号 / 内容」という名前のブランチを作成する。今回、「enhancement」というラベルを付けたが、これは「新しい機能

（feature）を追加する」という意味なので、「feat」とする。あとは issue 番号 1 番、README の
修正なので、すべてまとめて feat/1/README というブランチを作ることにする。
　ターミナルで以下を実行せよ。

```
git switch -c feat/1/README
```

Step4 ▶ コミットとマージ

　いま、カレントブランチが feat/1/README ブランチとなったはずだ。このブランチ上で、README.md
に 1 行追加しよう。もともと「# issuetest」と表示されているはずなので、その下に「modifies
README」と追加する。

```
# issuetest

modifies README
```

　修正したら、git add、git commit するが、コミットメッセージを closes #1 とする。シャー
プ # を忘れたり、全角にしたり、数字との間に空白を挟んだりしないこと。

```
git add README.md
git commit -m "closes #1"
```

　修正を main に取り込もう。

```
git switch main
git merge feat/1/README
```

Step5 ▶ 修正のプッシュと issue のクローズ

　以上の修正をプッシュする。プッシュする前に、先ほどの issue の画面をブラウザで表示しておく
こと。ブラウザの画面が見える状態でターミナルから git push する。

```
git push
```

　ブラウザの issue の画面を見てみよう。プッシュ後に自動的に issue が閉じられたはずだ。
　このように、fixes、closes といった動詞と #1 のような形で issue 番号が含まれたコミットメッ
セージを含むコミットがプッシュされると、GitHub がそれを検出し、自動的に対応する issue を閉
じてくれる。
　不要になったブランチは消しておこう。

```
git branch -d feat/1/README
```

10.4.2 Project の利用

issue には「open（未完了）」と「closed（完了）」の 2 状態しかないが、issue が増えてくると、いまどの issue がどういう状態なのかをより細かく管理したくなる。例えば「未完了」と「完了」の間に、「作業中」という状態が欲しくなる。このような状態を管理するのが Project だ。以下では、最も基本的な Project である Kanban を使ってみよう。

Step1 Project の作成

まずは Board(Kanban) 方式のプロジェクトを作成し、リポジトリに関連付けよう。以下の作業を実施せよ。

1. GitHub の issuetest リポジトリを表示し、上のタブから「Project」を選び、「Link a project」の右の三角マークをクリックし、「New project」を選ぶ。
2. 「Link a project」が「New project」ボタンに変化するので、そのボタンをクリック。
3. 「Welcome to project」画面が現れたら「Jump right in」ボタンをクリック。
4. 「Create project」画面の「Start from scratch」から「Board」を選び、「Project name」を「Kanban」に変更してから「Create project」ボタンを押す。

これにより、issuetest リポジトリに「Kanban」プロジェクトが関連付けられた。

Step2 issue の作成と Project への関連付け

ブラウザで issuetest リポジトリへ戻る。上のタブから「Issues」をクリックし、「New issue」ボタンを押し、新たに issue を作る。Title は「README の修正」とする。issue のコメントには、他の issue を参照したり、チェックボックスを作ったりする機能があるので試してみよう。コメントに以下の内容を記述せよ。

```
- [ ] 修正１（#1 に追加）
- [ ] 修正２
```

ここで「#」と数字の間には空白を入力せず、「#1」のあとには半角空白を入れるのを忘れないこと。また、- ［ ］の間には半角空白を入れる。入力をしたら「Preview」タブを見て、チェックボックスができているか、別の issue にリンクされているか確認すること。

ラベルは先ほどと異なるもので試したいので「documentation」を選ぶ。この issue を Project と関連付けよう。右の「Labels」の下にある「Projects」を開き、先ほど作った「Kanban」を選ぼう。

以上の準備が済んだら「Submit new issue」ボタンを押し、issue を作る。この画面はまた使うのでブラウザを閉じないこと。

Step3 **ブランチの作成**

　ターミナルに戻り、ブランチを作成しよう。今回はラベルが documentation、issue 番号が 2 番、内容が README の修正なので、doc/2/README としよう。ターミナルの test リポジトリで以下を実行せよ。

```
git switch -c doc/2/README
```

　ブランチを作成したら、この issue のステータスを「作業中」にしよう。GitHub の test リポジトリの「Projects」タブから「Kanban」を選ぶ。

　すると、「No Status」のところに「README の修正」というカードができているはずなので、マウスで「In progress」にドラッグしよう。また「Issues」タブに戻って先ほどの issue を見てみると、「Projects」の「Kanban」で、状態が「In progress」になっていることがわかる。

　状態とブランチの関係はプロジェクトやチームによって異なるが、例えば「ブランチを作ったら In progress にする」というルールにしておくと、逆に「issue の状態が In progress になっていれば、対応するブランチがあるはず」とわかって便利だ。

Step4 **修正とマージ**

　また README.md を修正しよう。「Hello Kanban」という 1 行を追加せよ。

```
# issuetest

modifies README
Hello Kanban
```

　ファイルを保存したら、今度は fixes #2 というメッセージでコミットする。

```
git add README.md
git commit -m "fixes #2"
```

　また main ブランチに戻って、修正を取り込もう。まだプッシュしないこと。

```
git switch main
git merge doc/2/README
```

Step5 **修正のプッシュとカードの移動**

　マージが終了したらブラウザで先ほどの「Kanban」の画面を見よう。まだカードは「In progress」にある。

　ブラウザを開いたまま、ターミナルから git push しよう。

```
git push
```

2番のissueが閉じられると同時に、自動でカードが「In progress」から「Done」に移動するはずである。

10.4.3　プルリクの作成

既存のOSSにプルリクを出すのはハードルが高い。そこで本書の読者のためにプルリク体験用のリポジトリを作成したので、実際にフォークして、ファイルを追加し、プルリクを作成してみよう。

Step1 リポジトリのフォーク

まず、既存のリポジトリをフォークしよう。以下のサイトにアクセスせよ。

https://github.com/kspub-github-book/pullreq-test

このサイトの右上に「Fork」というボタンがあるので、それを押す。すると「Create a new fork」という画面になる。ここで「Create fork」ボタンを押すと、自分のアカウントのリポジトリとしてフォークされ、URLがhttps://github.com/自分のアカウント/pullreq-testとなったはずだ。

Step2 リポジトリのクローン

フォークしたリポジトリをローカルにクローンしよう。まずはターミナルでgithub-bookディレクトリに移動する。

```
cd
cd github-book
```

その後、ブラウザのURLがhttps://github.com/自分のアカウント/pullreq-testになっていることを確認し、「Code」ボタンの「Clone」からリモートリポジトリをコピーできる。プロトコルがHTTPSではなくSSHになっていることを確認すること。git cloneに続けて貼り付けてクローンする。クローンしたらディレクトリpullreq-testに移動すること。

```
git clone git@github.com:アカウント名/pullreq-test.git
cd pullreq-test
```

Step3 ブランチの作成

プルリク作成用のブランチを作成しよう。ここではbranchという名前のブランチを作成する。

```
git switch -c branch
```

Step4 ファイルの作成

リポジトリの中にfilesというディレクトリがあるため、そこに移動する。

```
cd files
```

このディレクトリにファイルを追加するような修正をして、その修正を取り込んでもらうようなプルリクを作成しよう。files に作るファイル名が他の人とぶつからないように、GitHub アカウント名をハッシュ化したファイルを作成する。SHA-1 ハッシュの作成には shasum コマンドを用いる。例えば GitHub アカウントが github-user なら、以下のようなコマンドを実行する。

```
$ echo github-user | shasum
4fc48904394d8f4c8d2e796efaeb0aefeb3e1792 *-
```

この、*- の左にある 40 桁の数字列が SHA-1 ハッシュである。この文字列は各自異なるため、以下は適宜読み替えること。

この SHA-1 ハッシュをファイル名として、ファイルを作ろう。

```
echo Hello > 4fc48904394d8f4c8d2e796efaeb0aefeb3e1792
```

これは、GitHub アカウント名をハッシュ化したものをファイル名とし、中身は Hello であるようなファイルを作成するコマンドだ。

Step5 ファイルの追加とプッシュ

できたファイルを git add、git commit しよう。コミットメッセージはなんでもよいが、例えば adds a file とする。

```
git add 4fc48904394d8f4c8d2e796efaeb0aefeb3e1792
git commit -m "adds a file"
```

最後に修正をプッシュしよう。

```
git push origin branch
```

Step6 プルリクエストの作成

ブラウザでリポジトリを見ると、上部に「Compare & pull requst」というボタンができているはずだ。これを押すと、「Open a pull request」という画面に遷移するので、タイトル（title）とコメント（description）を入力する。タイトルはデフォルトでコミットメッセージ（add a file）になっているのでそのままでよい。コメントもなんでもよい。最後に「Create a pull request」ボタンを押せば、フォーク元にプルリクエストが飛ぶ。これでプルリクの作成は終了である。

データベース“ふっとばし”スペシャリスト

誰かが会社に甚大な被害をもたらす大きなミスをしたとしよう。そのリカバリ作業のため、多くの人が残業を余儀なくされた状況で、ミスをした本人が「先に帰ります」と家に帰ったらどう思うだろうか？　「非常識だ」と思う人が多いのではないだろうか？　しかし、実際大きなミスをした人がリカバリ作業からすぐに離脱し、それを誰も咎めなかったケースがある。GitLab のデータベース障害対応だ。

GitLab は、GitHub と同様に Git のリポジトリをホスティングするサービスを運営している会社である。2017 年 1 月 31 日、その GitLab がサービスを停止し、緊急メンテナンスに入る[1]。原因は人為的なミスによるデータベースの喪失であった。GitLab のデータベースはプライマリ（本番）とセカンダリ（待機系）の 2 つを持っており、2 つが同期する仕組みとなっていた。事件当日、スパムユーザからの攻撃を受け、データベースが過負荷状態になり、同期がうまくいかなくなっていた。データベースを管理していたエンジニアはこのトラブルに長時間対応し、疲れていたようだ。23 時ごろ、彼は不要なデータを削除してから再度同期しようとして、セカンダリデータベースのディレクトリを削除する。しかし、その数秒後、彼は操作したのがバックアップのセカンダリではなく、プライマリのデータであったことに気づく。すぐに削除を停止したが時すでに遅く、ほとんどのデータは失われてしまった。GitLab はこういうときのためにデータベースをバックアップするコマンドを定期的に実行する仕組みを導入していたが、バージョン違いによるエラーが発生しており、しばらく前からバックアップに失敗していることに気づかなかった[2]。その他のいくつかのバックアップも機能していなかったことが判明し、バックアップはたまたま事故の 6 時間前にとられたスナップショットのみであった。この頼みの綱のスナップショットから復旧作業が始まったが、このとき、データベースをふっとばしたエンジニアは「自分はもう sudo コマンドを実行しないほうがよいだろう」と、復旧作業を別の人に依頼。そして事故から 1 日後、GitLab は復旧作業を完了し、すべてのサービスを再開した。

ここで、データベースをふっとばした張本人が、早々に復旧作業から離脱していることに注意してほしい。これは正しい判断だったと思う。自分が会社に巨額の損失を与えるような失敗をしてしまったことを想像してみよう。「自分の責任だから自分で挽回しよう」とか「ミスをした贖罪として寝ずに仕事をしよう」と考えてしまう人が多いのではないだろうか？　しかし、すでに長時間作業をして疲れており、大きなミスをして動揺している状態で復旧作業に参加しても、また大きなミスをしてしまう可能性が高い。「頼みの綱」のスナップショットを失ったら、GitLab はサービスを再開できなくなってしまう。それなら復旧作業は信頼できる同僚にまかせて、自分は休んでから別の作業で復帰したほうがよい。GitLab は事故の詳細を（人為ミスであることも含めて）すぐに公表し、

* 1　https://about.gitlab.com/blog/2017/02/01/gitlab-dot-com-database-incident/
* 2　GitLab.com が操作ミスで本番データベース喪失。5 つあったはずのバックアップ手段は役立たず、頼みの綱は 6 時間前に偶然取ったスナップショット　https://www.publickey1.jp/blog/17/gitlabcom56.html　2021 年 8 月 20 日閲覧

リカバリ作業を YouTube のストリーミング放映、事故の詳細も隠さずにリアルタイムで公表していった。筆者もリアルタイムで復旧作業のストリーミング映像を見たが、エンジニアが淡々と作業しており、そこに悲壮感などはなかった。GitLab が復旧を完了し、サービス再開を告げたツイートには、「よくやった」「事故対応の透明性が素晴らしい」など多くの賛辞が寄せられた。このように、ミスや問題を報告しやすい雰囲気を「心理安全性が高い」という。ミスをした人が先に帰っても問題視されず、自社が犯したミスを（バックアップが動作していなかったことまで含めて）包み隠さず公開した GitLab は、間違いなく心理安全性が高い会社といえよう。

　なお、この事故のあとしばらくの間、データベースをふっとばしたエンジニアは GitLab の自分のページで「データベース“ふっとばし”スペシャリスト（Database "removal" specialist）」と名乗っていた。

Git の中身

▶ 本章で学ぶこと

Git で管理するプロジェクトには .git というディレクトリがあり、その中に Git の管理情報が入っている。その中には、すべてのコミットや、いろんなバージョンのファイル、ブランチ、タグといった情報が格納されている。Git を操作するにあたり、.git の中身がどうなっているかを理解する必要はないし、もし中身を覚えたとしても、将来、操作方法は変わらないまま内部実装だけ変更になる可能性もある。それでも、Git の仕組み、特にさまざまな情報が .git にどのように格納されているかを知っておくのは 2 つの理由から有用だと考える。

1 つ目の理由は、「物が動く仕組み」を知っておくことが教養として重要だからだ。車を運転するのに、アクセルを踏めば進み、ブレーキを踏めば止まり、ハンドルを回せば曲がることを知っていれば十分だ。しかし、シリンダーにガソリンが噴射され、ピストンにより圧縮したところで点火し、爆発する力でピストンが押されることで車が駆動力を得ている、ということはなんとなく知っていることだろう。さらに、その点火システム（イグニッションコイル）に電磁誘導が使われていると知れば、「なるほど、学校で習った電磁気の性質がこんなところに使われているのか」と思うことであろう。自分でゼロから作ることができるほど理解する必要はないが、物やツールをブラックボックスにせず、その中身をぼんやりとでも知っておくのはよいことだ。

もう 1 つの理由は、「機能は、なんらかの方法で実装されている」という感覚を持つことが重要だからだ。電子レンジとオーブンは、「どちらも食品を加熱する」という機能を持っているが、その実現方法は異なる。このように、同じ機能を実現する場合でも複数の実装手段がある。同様に、Git も Subversion はどちらもバージョン管理システムであり、どちらにもブランチやタグという概念があるが、その実装方法は全く異なる。Git はツールである。ツールであるからにはなんらかの機能を提供している。その機能、例えばコミットによるスナップショットの保存や、ブランチの切り替えなどが、実際にはどのように実現されているかを知るのは有用であろう。

以下では、Git の実装、特に .git ディレクトリの中に何がどのように格納されているか紹介する。その詳細を覚える必要は全くない。しかし、「機能の実現には実装が伴う」ということ、また、Git の実装が非常に素直であることを実感してほしい。

本章には演習問題を用意しないが、Git の実装を確認する作業が記述されているので、興味のある人は結果が本書の記述通りになることを確認してみてほしい。

11.1　.git の中身

まずは .git ディレクトリの中身を見てみよう。適当なリポジトリ、例えば本書の演習で作成した github-book/test の中で ls .git してみよう。

```
$ cd
$ cd github-book
$ cd test
$ ls .git
COMMIT_EDITMSG  HEAD         branches/  description  index  logs/     packed-refs
FETCH_HEAD      ORIG_HEAD    config     hooks/       info/  objects/  refs/
```

表示されるファイルはリポジトリの状態によって異なるが、おおむね上記のようなファイルやディレクトリが含まれているであろう。それぞれ、以下のような役割を持っている。

- HEAD - カレントブランチ（HEAD）の情報を保存するファイル
- index - インデックスの情報を保存するファイル
- config - リモートブランチや上流ブランチなどの情報を保存するファイル
- refs - ブランチの情報を保存するディレクトリ
- objects - コミットなどのオブジェクトを保存するディレクトリ

以下、それぞれについて解説する。

11.2　Git のオブジェクト

まずは、.git/objects ディレクトリの中身を見てみよう。ここには Git が管理する**オブジェクト（object）**が格納されている。Git のオブジェクトには、以下の 4 種類がある（図 11.1）。

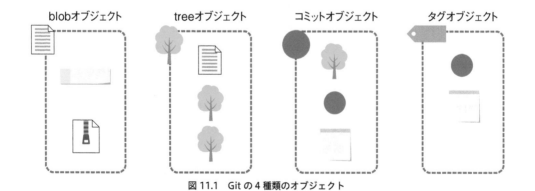

blobオブジェクト　　treeオブジェクト　　コミットオブジェクト　　タグオブジェクト

図 11.1　Git の 4 種類のオブジェクト

- blob オブジェクト：ファイルを圧縮したもの。ファイルシステムの「ファイル」に対応する。
- tree オブジェクト：blob オブジェクトや別の tree オブジェクトを管理する。ファイルシステムの「ディレクトリ」に対応する。
- コミットオブジェクト：tree オブジェクトを包んだもの。コミットのスナップショットに対応する tree オブジェクトへ、親コミット、コミットメッセージなどを付加する。
- タグオブジェクト：他の Git オブジェクトを包んだもの。ほとんどの場合はコミットオブジェクトを包むが、タグのメッセージやタグを付けた人の情報などを付加する。

本書ではタグについては扱わないので、残りの 3 つ、blob オブジェクト、tree オブジェクト、コミットオブジェクトについて見てみよう。

11.2.1　blob オブジェクト

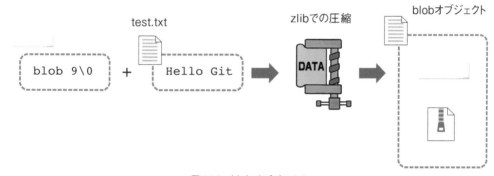

図 11.2　blob オブジェクト

blob[*1] オブジェクトは、ファイルを保存するためのオブジェクトだ。その実体は、ファイルに blob というテキストと、ファイルサイズをヘッダ情報として付加し、zlib で圧縮したものだ（図11.2）。

blob オブジェクトを実際に作ってみよう。github-book/blob ディレクトリを作成し、そこで git init してから、適当なファイルを作る。

```
cd
cd github-book
mkdir blob
cd blob
git init
echo -n "Hello Git" > test.txt
```

＊1　GitHub Docs (https://docs.github.com/) によると、blob は Binary Large OBjects の略だそうだ。

　改行が含まれないように、echo に -n オプションを付けている。これを git add すると対応する blob オブジェクトが作られる。

```
git add test.txt
```

　この時点で、e51ca0d0b8c5b6e02473228bbf876ba000932e96 という blob オブジェクトが作られるはずだ。見てみよう。

```
$ git cat-file -t e51ca0d0b8c5b6e02473228bbf876ba000932e96
blob

$ git cat-file -p e51ca0d0b8c5b6e02473228bbf876ba000932e96
Hello Git
```

　git cat-file はオブジェクトのハッシュを指定して中身を見るためのコマンドだ。-t はそのオブジェクトのタイプを、-p は中身を表示する。e51ca0d... というオブジェクトは blob オブジェクトであり、中身は「Hello Git」というテキストファイルであることがわかる。

　この e51ca0d... というオブジェクトの実体は、.git/objects の中にファイルとして格納されている。

```
$ ls -1 .git/objects/*/*
.git/objects/e5/1ca0d0b8c5b6e02473228bbf876ba000932e96
```

　Git はオブジェクトのファイル名の頭 2 文字をディレクトリにして、残りをその下のファイルとして保存する。したがって、e51ca0d... というオブジェクトは、.git/objects 以下の e5 ディレクトリの下に、1ca0d... というファイル名で保存される。

　この blob オブジェクトのファイル名は、対象となるファイルの頭に blob という文字列、ファイルサイズ、\0 を付けたものの SHA-1 ハッシュ値だ。ハッシュ値とは、ハッシュ関数にデータを入力したときの出力であり、ハッシュ関数とは、任意の長さのデータから、（多くの場合）固定長の長さの値を得るための操作のことだ。SHA は「Secure Hash Algorithm」の略であり、SHA-1（シャーワン）は SHA シリーズのうちの 1 つである。

　ハッシュとは、以下のような性質を持つものだ。

- 任意の長さのデータを受け取り、固定の長さの出力（ハッシュ値）を返す
- 入力からハッシュ値を得るのは容易だが、あるハッシュ値を出力するような入力を探すのは極めて困難
- 入力が少しでも変化すると、ハッシュ値が大きく変化する

　特に 2 番目の性質を**強衝突耐性**と呼ぶ。例えばメッセージとハッシュ値を両方展開したとき、もしメッセージが改変されていればハッシュ値が変わるから改竄がバレる。しかし、同じハッシュ値を

持つ別の入力を作ることができれば、データを改竄してもバレない。

　SHA-1 の強衝突耐性はすでに突破されているため、セキュリティ用途には向かないが、残りの 2 つの性質が便利であるため、Git ではオブジェクトの ID として SHA-1 ハッシュを用いている。SHA-1 は任意の入力に対して 160 ビットの出力を返す。16 進数は 0 から F までの 16 種類の数値で表現され、1 桁が 4 ビットであるから、160 ビットを 16 進数表記すると 40 桁となる。これが Git のコミットハッシュが 0 から F までの 16 種類の文字を使って 40 桁となる理由だ。Git ではハッシュ値を全桁指定する必要はなく、他と区別がつく長さだけ指定すればよい。通常、先頭 7 桁も取れば十分なので、git log --oneline などでは 7 桁だけ表示される。

　さて、このハッシュ値を実際に作ってみよう。そのためには、test.txt の冒頭に blob 9\0 というヘッダを付けた内容の SHA-1 ハッシュ値を求めればよい。なお、blob 9\0 の blob は blob オブジェクトであること、9 はファイルサイズ、\0 はヌル文字と呼ばれ、ヘッダと中身の境界を表現している。SHA-1 ハッシュを得るには shasum コマンドを用いる。

```
$ { echo -en 'blob 9\0';cat test.txt;} | shasum
e51ca0d0b8c5b6e02473228bbf876ba000932e96 *-
```

　確かに e51ca0d というコミットハッシュが得られた。なお、Git にはヘッダを付けてハッシュを得るコマンド git hash-object が用意されている。

```
$ git hash-object test.txt
e51ca0d0b8c5b6e02473228bbf876ba000932e96
```

　同じハッシュ値が得られた。git cat-file や git hash-object という、普段使わないが、普段使うコマンドの裏で実行されている低レベルなコマンドを **配管コマンド（plumbing commands）** と呼ぶ。一方、普段我々が使う git add や git commit などのコマンドを **磁器コマンド（porcelain commands）** と呼ぶ。これは、磁器とはトイレの便器のことで、Git をトイレだと思ったとき、普段使うコマンドが外に出ている便器、普段見ることのない低レベルなコマンドを下水などの配管にたとえたものだ。細かいことはともかく、「Git でよく出てくる英数字の ID は SHA-1 ハッシュである」とだけ覚えておくとよい。

　さて、ファイル名は SHA-1 ハッシュであった。中身はファイルをヘッダ込みで zlib により圧縮したものだ。例えば Python で実装するなら以下のようになる。

```python
import zlib
content = "Hello Git" # ファイルの中身

# ヘッダ付与
store = f"blob {len(content)}\0{content}".encode("utf-8")

data = zlib.compress(store, level=1) # 圧縮
print(bytes.hex(data))          # 中身の表示
```

Hello Git という中身を持つファイルに、blob 9\0 というヘッダを付与して、zlib.compress で圧縮したバイト列を表示するスクリプトだ。実行してみよう。

```
$ python3 test.py
78014bcac94f52b064f048cdc9c95770cf2c01002b750531
```

先ほど作成した blob オブジェクトの中身もダンプしてみよう。

```
$ od -tx1 .git/objects/e5/1ca0d0b8c5b6e02473228bbf876ba000932e96
0000000 78 01 4b ca c9 4f 52 b0 64 f0 48 cd c9 c9 57 70
0000020 cf 2c 01 00 2b 75 05 31
0000030
```

完全に一致していることがわかると思う。
ここまでをまとめると、以下のようになる。

- Git の blob オブジェクトはファイルに対応している
- blob オブジェクトは対象ファイルにヘッダを付与したものであり、ファイル名は SHA-1 ハッシュ値、ファイルの中身は zlib で圧縮したもの

意外に単純であることが実感できたであろうか？

11.2.2　コミットオブジェクト

コミットオブジェクトは、コミット、すなわちスナップショットを保存するためのものだ。先ほど、git add した状態で止めていたのを、コミットしてみよう。

```
$ git commit -m "initial commit"
[main (root-commit) ca70291] initial commit
 1 file changed, 1 insertion(+)
 create mode 100644 test.txt
```

コミットハッシュ ca70291 を持つコミットが作られた。これに対応するオブジェクトがコミットオブジェクトだ。いま、オブジェクトが何個できたか見てみよう。

```
$ ls -1 .git/objects/*/*
.git/objects/ca/70291031230dde40264d62b6e8d2424e2c9366
.git/objects/dd/1d7ee1e23a241a3597a0d0be5139a997fc29c8
.git/objects/e5/1ca0d0b8c5b6e02473228bbf876ba000932e96
```

.git/objects 以下に 3 つオブジェクトができている。このうち、e51ca0d は test.txt に対応する blob オブジェクト、ca70291 はいま作ったコミットオブジェクト、もう 1 つの dd1d7ee は後述する tree オブジェクトであり、コミットが保持するスナップショットを表現する。blob オブジェクトや tree オブジェクトは、同じ中身であれば同じハッシュ値を持つ。一方、コミットオブジェクトのハッシュはぶつかっては困るので、毎回異なるものになる。

さっき作ったコミットオブジェクト ca70291 のタイプを見てみよう。ちなみに、先ほど述べたように、ハッシュ値は他と区別がつけば 40 桁すべてを指定する必要はない。

```
$ git cat-file -t ca70291
commit
```

確かにコミットオブジェクトになっている。この表示から ca70291 はコミットオブジェクトであることがわかる。コミットオブジェクトは、以下の情報をまとめたものだ。

- スナップショットを保存する tree オブジェクト
- 親コミットのコミットハッシュ
    - root commit なら親コミット情報なし
    - merge commit なら親コミット情報 2 つ
- コミットの作成者情報
- コミットメッセージ

中身を見てみよう。

```
$ git cat-file -p ca70291
tree dd1d7ee1e23a241a3597a0d0be5139a997fc29c8
author H. Watanabe <kaityo256@example.com> 1632060650 +0900
committer H. Watanabe <kaityo256@example.com> 1632060650 +0900

initial commit
```

dd1d7ee という tree オブジェクト、作成者、コミットメッセージを含んでいることがわかる。なお、これは root commit なので、親コミットの情報は持っていない。適当に修正してコミットしてみよう。

```
$ echo "Hello commit object" >> test.txt
$ git commit -am "update"
[main 1f620eb] update
 1 file changed, 1 insertion(+), 1 deletion(-)
```

新しく `1f620eb` というコミットができた。中身を見てみよう。

```
$ git cat-file -p 1f620eb
tree 55e11d02569af14b5d29fe56fd44c1cc32c55e72
parent ca70291031230dde40264d62b6e8d2424e2c9366
author H. Watanabe <kaityo256@example.com> 1630738892  +0900
committer H. Watanabe <kaityo256@example.com> 1630738892  +0900

update
```

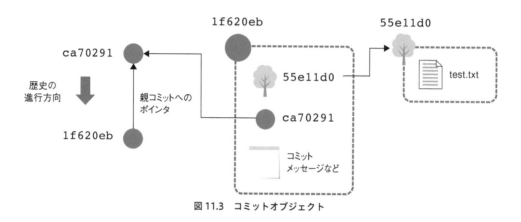

図 11.3　コミットオブジェクト

　内容は図 11.3 のように、スナップショットを表す tree オブジェクトが `dd1d7ee` から `55e11d0` に更新され、新たに親コミットとして、先ほどの `ca70291` が保存されている。

　マージにより作られたマージコミットの場合は、2 つの親コミットの情報を含んでいる。いま、こんな歴史を持つリポジトリを考えよう。

```
$ git log --graph --pretty=oneline
*   f4baa057ce89467a2faced36229da02799c9e394 (HEAD -> main) Merge branch 'branch'
|\
| * 6aecd68aa423651edda9d22e20925314ff3e8386 (branch) update
* | 953cb6056e5f0437f0d4e102f232d8eb705f6428 adds test2.txt
|/
* 6db4350c6ebd75338ac4bc2eb2a2924895a0c73b initial commit
```

root commit である `6db4350` から `6aecd68` と `953cb60` が分岐し、マージされて `f4baa05` になっている（図 11.4）。

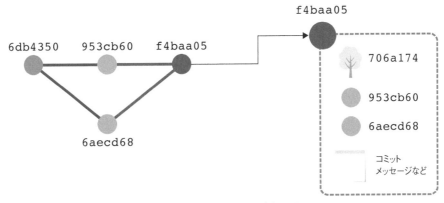

図 11.4　マージコミットオブジェクト

この最後のマージコミット f4baa05 の中身を見てみよう。

```
$ git cat-file -p f4baa05
tree 706a1741c1d94977ba496449d80ab848ca945e14
parent 953cb6056e5f0437f0d4e102f232d8eb705f6428
parent 6aecd68aa423651edda9d22e20925314ff3e8386
author H. Watanabe <kaityo256@example.com> 1630743012 +0900
committer H. Watanabe <kaityo256@example.com> 1630743012 +0900

Merge branch 'branch'
```

スナップショットを保存する tree オブジェクト 706a174 の他に、2 つの親コミット 953cb60 と 6aecd68 が保存されていることがわかる。

11.2.3　tree オブジェクト

tree オブジェクトは、ディレクトリに対応するオブジェクトだ。先ほどの blob オブジェクトの作り方を見てわかるように、blob オブジェクトはファイル名を保存していない。blob オブジェクトとファイル名を対応させるのも tree オブジェクトの役目だ。また、コミットオブジェクトが格納するのは、スナップショット全体を表現する tree オブジェクトである。

tree オブジェクトがディレクトリに対応することを見るため、適当にディレクトリを含むリポジトリを作ってみよう。

```
cd
cd github-book
mkdir tree
cd tree
git init
mkdir dir1 dir2
echo "file1" > dir1/file1.txt
```

```
echo "file2" > dir2/file2.txt
echo "README" > README.md
git add README.md dir1 dir2
```

コミットしてみる。

```
$ git commit -m "initial commit"
[main (root-commit) 662458a] initial commit
 3 files changed, 3 insertions(+)
 create mode 100644 README.md
 create mode 100644 dir1/file1.txt
 create mode 100644 dir2/file2.txt
```

これで、コミットオブジェクト（662458a）が作られた。中身を見てみよう。

```
$ git cat-file -p 662458a
tree 193fea0500b331a7ccb536aa691d8eb7df8afd13
author H. Watanabe <kaityo256@example.com> 1630737694 +0900
committer H. Watanabe <kaityo256@example.com> 1630737694 +0900

initial commit
```

tree オブジェクトとコミットメッセージなどの情報を含んでいることがわかる。root commit なので、親コミットの情報はない。同じ手順を踏めば、コミットハッシュは異なっても、同じ tree オブジェクトができているはずだ。tree オブジェクト 193fea0 は、このコミットのスナップショットを保存している。見てみよう。

```
$ git cat-file -p 193fea0
100644 blob e845566c06f9bf557d35e8292c37cf05d97a9769    README.md
040000 tree 0b9f291245f6c596fd30bee925fe94fe0cbadd60    dir1
040000 tree 345699cffb47ac20257e0ce4cebcbfc4b2a7f9e3    dir2
```

ファイル README.md に対応する blob オブジェクトと、ディレクトリ dir1、dir2 に対応する tree オブジェクトが含まれている。2 つの tree オブジェクトも見てみよう。

```
$ git cat-file -p 0b9f291
100644 blob e2129701f1a4d54dc44f03c93bca0a2aec7c5449    file1.txt
$ git cat-file -p 345699c
100644 blob 6c493ff740f9380390d5c9ddef4af18697ac9375    file2.txt
```

ファイル構造とオブジェクトの構造を図示すると図 11.5 のようになる。

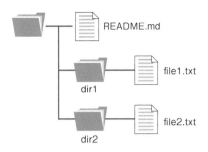

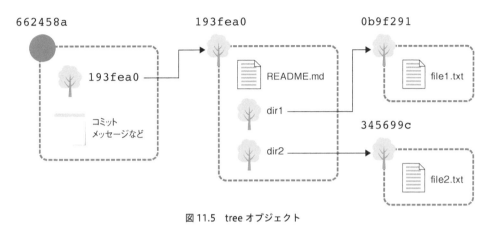

図 11.5　tree オブジェクト

　さて、blob オブジェクトや tree オブジェクトにはファイル名、ディレクトリ名は含まれておらず、tree オブジェクトは、自分が管理するオブジェクトと名前の対応を管理している。

　また、blob オブジェクトのハッシュは、ファイルサイズと中身だけで決まり、ファイル名は関係ない。したがって、Git は「同じ中身だけど、異なるファイル名」を、同じ blob オブジェクトで管理する。これを確認してみよう。

```
cd
cd github-book
mkdir synonym
cd synonym
git init
echo "Hello" > file1.txt
cp file1.txt file2.txt
git add file1.txt file2.txt
```

　これで、中身が同じファイル file1.txt、file2.txt がステージングされた。コミットしてみる。

```
$ git commit -m "initial commit"
[main (root-commit) 75470e6] initial commit
 2 files changed, 2 insertions(+)
 create mode 100644 file1.txt
 create mode 100644 file2.txt
```

コミットオブジェクト 75470e6 ができたので、中身を見てみよう。

```
$ git cat-file -p 75470e6
tree e79a5d99a8e5cd5da0260866b85df60052fd045e
author H. Watanabe <kaityo256@example.com> 1630745015 +0900
committer H. Watanabe <kaityo256@example.com> 1630745015 +0900

initial commit
```

tree オブジェクト e79a5d9 ができている。中身を見てみよう。

```
$ git cat-file -p e79a5d9
100644 blob e965047ad7c57865823c7d992b1d046ea66edf78    file1.txt
100644 blob e965047ad7c57865823c7d992b1d046ea66edf78    file2.txt
```

全く同じ blob オブジェクトに別名を与えていることがわかる。

11.3　Git の参照

　Git オブジェクトの次は、Git の参照を見てみよう。参照はブランチやタグなどで .git/refs ディレクトリ以下に格納されている。

11.3.1　HEAD とブランチの実体

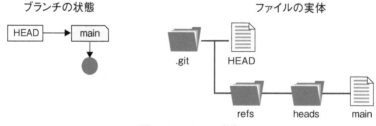

図 11.6　HEAD の実体

　通常、Git では HEAD がブランチを、ブランチがコミットを指している。HEAD の実体は .git/ HEAD というファイルだ。ブランチは git/refs にブランチ名と同名のファイルとして保存されている。例えば main ブランチの実体は .git/refs/heads/main というファイルだ（図 11.6）。この関係を見てみよう。

　作業用ディレクトリ github-book/head を作って、その中で git init しよう。

```
cd
cd github-book
mkdir head
cd head
git init
```

　この時点で .git が作られ、その中に HEAD が作られた。ファイルの中身を見てみよう。

```
$ cat .git/HEAD
ref: refs/heads/main
```

　この ref: refs/heads/main は、「HEAD はいま refs/heads/main を指しているよ」という意味だ。しかし、git init の実行直後には、まだこのファイルは存在しない。

```
$ cat .git/refs/heads/main
cat: .git/refs/heads/main: そのようなファイルやディレクトリはありません
```

　さて、適当なファイルを作って、git add、git commit してみよう。

```
$ echo "Hello" > hello.txt
$ git add hello.txt
$ git commit -m "initial commit"
[main (root-commit) c950332] initial commit
 1 file changed, 1 insertion(+)
 create mode 100644 hello.txt
```

　初めて git commit した時点で、main ブランチの実体が作られる。

```
$ cat .git/refs/heads/main
c9503326279796b24be86bdf9beb01c1af2d2b95
```

　main ブランチの実体である main というファイルには、コミットオブジェクトのハッシュが入っている。今回のケースでは、先ほど作られたコミットオブジェクト c950332 が保存されている。このように、HEAD はブランチのファイルの場所を指し、ブランチのファイルはコミットオブジェクトのハッシュを保存している。git log で見てみよう。

第11章

```
$ git log --oneline
c950332 (HEAD -> main) initial commit
```

HEAD -> main と、HEAD が main を指していることが明示されている。

11.3.2　detached HEAD 状態

さて、直接コミットハッシュを指定して git checkout してみよう。

```
$ git checkout c950332
Note: switching to 'c950332'.

You are in 'detached HEAD' state. You can look around, make experimental
changes and commit them, and you can discard any commits you make in this
state without impacting any branches by switching back to a branch.

If you want to create a new branch to retain commits you create, you may
do so (now or later) by using -c with the switch command. Example:

  git switch -c <new-branch-name>

Or undo this operation with:

  git switch -

Turn off this advice by setting config variable advice.detachedHead to false

HEAD is now at c950332 initial commit
```

これで、HEAD がブランチを介してではなく、直接コミットを指している状態、いわゆる頭が取れた（detached HEAD）状態になった。この状態で git log を見てみる。

```
$ git log --oneline
c950332 (HEAD, main) initial commit
```

先ほどと異なり、HEAD と main の間の矢印が消えた。HEAD ファイルの中身を見てみよう。

```
$ cat .git/HEAD
c9503326279796b24be86bdf9beb01c1af2d2b95
```

先ほどは ref: refs/heads/main と、main ブランチの実体ファイルへのパスが格納されていたが、いまは HEAD が直接コミットを指していることを反映して、そのコミットハッシュが保存されている（図 11.7）。

通常の状態

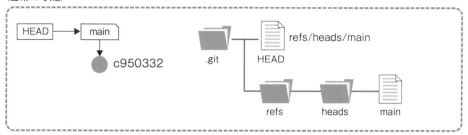

detached HEAD状態

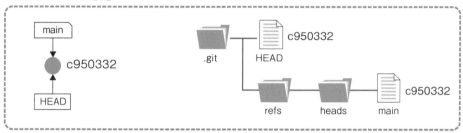

図 11.7 detached HEAD 状態

main ブランチに戻ろう。

```
$ git switch main
$ cat .git/HEAD
ref: refs/heads/main
```

.git/HEAD の中身がブランチへの参照に戻っている。

11.3.3 ブランチの作成と削除

main ブランチから、もう 1 つブランチを生やしてみよう。

```
git switch -c branch
```

　これで、branch ブランチが作られ、main の指すコミットと同じコミットを指しているはずだ。まずは git log で見てみよう。

```
$ git log --oneline
c950332 (HEAD -> branch, main) initial commit
```

　HEAD は branch を指し、branch と main は c950332 を指している状態になっている。ファイルの中身も確認しよう。

```
$ cat .git/HEAD
ref: refs/heads/branch

$ cat .git/refs/heads/main
c9503326279796b24be86bdf9beb01c1af2d2b95

$ cat .git/refs/heads/branch
c9503326279796b24be86bdf9beb01c1af2d2b95
```

.git/refs/heads/main と同じ内容の .git/refs/heads/branch が作成されている。
ここで、人為的に .git/refs/heads/ にもう 1 つファイルを作ってみよう。

```
$ cp .git/refs/heads/main .git/refs/heads/branch2
$ ls .git/refs/heads
branch  branch2  main
```

.git/refs/heads 内に、branch2 というファイルが作成された。git log を見てみると、

```
$ git log --oneline
c950332 (HEAD -> branch, main, branch2) initial commit
```

branch2 が増え、main や branch と同じコミットを指していることが表示された。すなわち、Git は git log が叩かれたとき、すべてのブランチがどのコミットを指しているか調べていることがわかる。また、ブランチの作成が、単にファイルのコピーで実装されていることもわかった。

作った branch2 を Git を使って消してみよう。

```
$ git branch -d branch2
Deleted branch branch2 (was c950332).

$ ls .git/refs/heads
branch  main
```

問題なく消すことができた。.git/refs/heads にあったブランチの実体も消えた。つまり、ブランチの削除は単にファイルの削除として実装されている。

11.3.4　リモートブランチと上流ブランチ

リモートブランチも、普通にブランチと同じようにファイルで実装されている。まずは 1 つ上のディレクトリにリモートブランチ用のベアリポジトリを作ろう。

```
cd
cd github-book
git init --bare ../test.git
```

ベアリポジトリは、.git の中身がそのままディレクトリへ展開された内容になっている。

```
$ tree ../test.git
../test.git
├── HEAD
├── branches
├── config
├── description
├── hooks
│   ├── applypatch-msg.sample
│   ├── commit-msg.sample
│   ├── fsmonitor-watchman.sample
│   ├── post-update.sample
│   ├── pre-applypatch.sample
│   ├── pre-commit.sample
│   ├── pre-merge-commit.sample
│   ├── pre-push.sample
│   ├── pre-rebase.sample
│   ├── pre-receive.sample
│   ├── prepare-commit-msg.sample
│   └── update.sample
├── info
│   └── exclude
├── objects
│   ├── info
│   └── pack
└── refs
    ├── heads
    └── tags

9 directories, 16 files
```

git init 直後の .git ディレクトリと同じ中身であることがわかる。

さて、このリポジトリをリモートリポジトリ origin として登録し、上流ブランチを origin/main にしてプッシュしよう。

```
$ git remote add origin ../test.git
$ git push -u origin main
Enumerating objects: 3, done.
Counting objects: 100% (3/3), done.
Writing objects: 100% (3/3), 227 bytes | 227.00 KiB/s, done.
Total 3 (delta 0), reused 0 (delta 0)
To ../test.git
 * [new branch]      main -> main
Branch 'main' set up to track remote branch 'main' from 'origin'.
```

これで、origin/main ブランチが作成され、main の上流ブランチとして登録された。git branch で見てみよう。

```
$ git branch -vva
  branch                   a35d7e4 updates hello.txt
* main                     c950332 [origin/main] initial commit
  remotes/origin/main c950332 initial commit
```

remotes/origin/main ブランチが作成され、main ブランチの上流が origin/main になっていることがわかる。さて、main ブランチの実体は .git/refs/main というファイルだった。同様に、remotes/origin/main の実体は、.git/refs/remotes/origin/main にある。ブランチの名前を（ディレクトリも含めて）そのまま .git/ref に展開したような形となっている。.git/refs/remotes/origin/main の中身は、単にコミットハッシュが記録されているだけだ。

```
$ cat .git/refs/remotes/origin/main
c9503326279796b24be86bdf9beb01c1af2d2b95
```

また、main の実体も同じコミットハッシュを指しているだけで、ここに上流ブランチの情報はない。

```
$ cat .git/refs/heads/main
c9503326279796b24be86bdf9beb01c1af2d2b95
```

main の上流ブランチは、ブランチの実体ファイルではなく、.git/config というファイルに保存されている。中身を見てみよう。

```
$ cat .git/config
[core]
        repositoryformatversion = 0
        filemode = true
        bare = false
        logallrefupdates = true
[remote "origin"]
        url = ../test.git
        fetch = +refs/heads/*:refs/remotes/origin/*
[branch "main"]
        remote = origin
        merge = refs/heads/main
```

このファイルの階層構造は git config でそのままたどることができる。

```
$ git config branch.main.remote
origin

$ git config remote.origin.url
url = ../test.git
```

また、git log は、リモートブランチも調べてくれる。

```
$ git log --oneline
c950332 (HEAD -> main, origin/main) initial commit
```

origin/main が、main と同じブランチを指していることがわかる。

もう 1 つリモートリポジトリを増やしてみよう。

```
git init --bare ../test2.git
git remote add origin2 ../test2.git
```

これで、.git/config には origin2 の情報が追加される。

```
$ cat .git/config
[core]
        repositoryformatversion = 0
        filemode = true
        bare = false
        logallrefupdates = true
[remote "origin"]
        url = ../test.git
        fetch = +refs/heads/*:refs/remotes/origin/*
[branch "main"]
        remote = origin
        merge = refs/heads/main
[remote "origin2"]
        url = ../test2.git
        fetch = +refs/heads/*:refs/remotes/origin2/*
```

しかし、まだ origin2 の実体は作られていない。

```
$ tree .git/refs/remotes
.git/refs/remotes
└── origin
    └── main

1 directory, 1 file
```

origin の実体がディレクトリで、その下に main ファイルがあるが、origin2 というディレクトリはまだ存在しないことがわかる。

ここで、main ブランチの上流ブランチを origin2/main にしてプッシュしてみる。

```
$ git push -u origin2
Enumerating objects: 3, done.
Counting objects: 100% (3/3), done.
Writing objects: 100% (3/3), 227 bytes | 227.00 KiB/s, done.
Total 3 (delta 0), reused 0 (delta 0)
To ../test2.git
```

第11章

```
 * [new branch]       main -> main
Branch 'main' set up to track remote branch 'main' from 'origin2'.
```

このタイミングで origin2/main の実体が作られる。

```
$ tree .git/refs/remotes
.git/refs/remotes
├── origin
│   └── main
└── origin2
    └── main

2 directories, 2 files
```

そして、origin2/main が main や origin/main と同じコミットハッシュを指す。

```
$ cat .git/refs/remotes/origin2/main
c9503326279796b24be86bdf9beb01c1af2d2b95
```

したがって、git log に origin2/main も表示されるようになる。

```
$ git log --oneline
c950332 (HEAD -> main, origin2/main, origin/main) initial commit
```

11.4　インデックス

ワーキングツリーとリポジトリの間に「インデックス」を挟み、コミットの前にステージングを行うのが Git の特徴だ。このインデックスの実体は .git/index という 1 つのファイルだ。この中身もちょっと覗いてみよう。

11.4.1　インデックスの実体と中身

作業用ディレクトリ github-book/index-test を作り、そこにファイルを作り、git init してみる。

```
cd
cd github-book
mkdir index-test
cd index-test
echo "My first file" > test.txt
git init
```

さて、git init した直後は、まだ index は作られていない。

```
$ ls .git/index
ls: cannot access '.git/index': No such file or directory
```

しかし、git add すると index が作られる。

```
$ git add test.txt
$ ls .git/index
.git/index
```

また、git add test.txt したことで、test.txt に対応する blob オブジェクトも作られている。

```
$ ls -1 .git/objects/*/*
.git/objects/36/3d8b784900d74b3159e8e93a651c0db42629ef
```

git add は、ファイルをインデックスに登録するコマンドであった。したがって、いま test.txt がインデックスに登録されたはずだ。インデックスの中身は、git ls-files --stage で見ることができる。

```
$ git ls-files --stage
100644 363d8b784900d74b3159e8e93a651c0db42629ef 0    test.txt
```

確かに test.txt というファイルに対応する blob オブジェクトができている。そのハッシュは 363d8b784900d74b3159e8e93a651c0db42629ef であり、先ほど .git/objects に作成されたものだ。

つまり、git add test.txt をしたとき、Git は

- test.txt に対応する blob オブジェクトを作り、SHA-1 ハッシュを計算してファイル名とする
- 作られたオブジェクトは .git/objects に保存。ただし、ハッシュの上 2 文字をディレクトリとし、残りをファイル名として仕分けする
- index にその blob オブジェクトと名前を登録する

という作業をしている。

11.4.2　ブランチ切り替えとインデックス

ブランチを切り替えると、インデックスがどうなるか見てみよう。

まずはブランチ branch_a を作り、そこに file_a.txt を追加、コミットする。

```
$ git switch -c branch_a
Switched to a new branch 'branch_a'
$ echo "This is A" > file_a.txt
$ git add file_a.txt
$ git commit -m "adds file_a.txt"
```

第11章

```
[branch_a 41e4b52] adds file_a.txt
 1 file changed, 1 insertion(+)
 create mode 100644 file_a.txt
```

これで、ワーキングツリーには test.txt と file_a.txt の 2 つのファイルが含まれるようになった。当然、インデックスにも同じファイルが登録されている。

```
$ git ls-files --stage
100644 e32836f4cedd87510bfd2f145bc0696861fdb026 0     file_a.txt
100644 363d8b784900d74b3159e8e93a651c0db42629ef 0     test.txt
```

file_a.txt の blob オブジェクトが増えている。これが file_a.txt のハッシュであることを確認しておこう。

```
$ git hash-object file_a.txt
e32836f4cedd87510bfd2f145bc0696861fdb026
```

この状態で、ブランチを切り替えてみよう。まずは main に戻る。

```
$ git switch main
Switched to branch 'main'
```

インデックスを見てみよう。

```
$ git ls-files --stage
100644 363d8b784900d74b3159e8e93a651c0db42629ef 0     test.txt
```

main ブランチには test.txt しかないので、インデックスにあるのも test.txt の blob オブジェクトだけだ。

新たなブランチ branch_b を作り、歴史を分岐させよう。

```
$ git switch -c branch_b
Switched to a new branch 'branch_b'
```

ファイル file_b.txt を追加し、コミットする。

```
$ echo "This is B" > file_b.txt
$ git add file_b.txt
$ git commit -m "adds file_b.txt"
[branch_b 81085f2] adds file_b.txt
 1 file changed, 1 insertion(+)
 create mode 100644 file_b.txt
```

git add の時点で file_b.txt に対応する blob オブジェクトが作られ、インデックスに登録される。インデックスの中身を見てみよう。

```
$ git ls-files --stage
100644 6a571f63d9d0bce7995b5c08d218370d7ea719a5 0    file_b.txt
100644 363d8b784900d74b3159e8e93a651c0db42629ef 0    test.txt
```

test.txt と file_b.txt が入っている。
この状態で、branch_a ブランチに切り替えてみよう。

```
$ git switch branch_a
Switched to branch 'branch_a'
```

ワーキングツリーのファイルが test.txt と file_a.txt になる。

```
$ ls
file_a.txt   test.txt
```

インデックスの中身も連動する（図 11.8）。

```
$ git ls-files --stage
100644 e32836f4cedd87510bfd2f145bc0696861fdb026 0    file_a.txt
100644 363d8b784900d74b3159e8e93a651c0db42629ef 0    test.txt
```

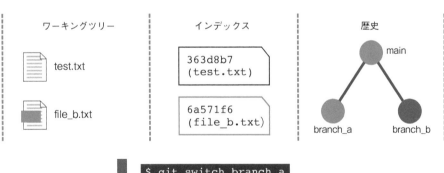

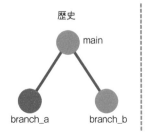

図 11.8　ブランチの切り替え

つまり、ブランチ切り替えの際、ワーキングツリーだけでなく、インデックスも切り替えられている。

11.5　まとめ

　Git のオブジェクト、ブランチ、およびインデックスの実装について見てみた。Git のオブジェクトは、ファイルが blob オブジェクトに、ディレクトリが tree オブジェクトに対応し、コミットオブジェクトは、スナップショットを表す tree オブジェクトと親コミットのハッシュ、そしてコミットの作者やメッセージの情報をまとめたものだ。オブジェクトの名前は SHA-1 ハッシュ値になっており、blob オブジェクトや tree オブジェクトは中身からハッシュ値が決まるため、同じ内容なら同じハッシュ値となる。

　ブランチはファイルとして実装され、ブランチの作成はファイルのコピー、削除はファイルの削除で実装されている。また、origin/main のようなリモートブランチは、origin はディレクトリとして実装されている。上流ブランチなどの情報は .git/config にあり、git config で表示できる情報は、そのまま .git/config 内のファイルの構造に対応している。

　インデックスは .git/index というファイルが実体であり、その中身は「blob オブジェクトの目録」であった。ブランチを切り替えるとインデックスの中身も切り替わる。そしてワーキングツリーがきれいな状態の場合は、ワーキングツリーとインデックスの中身は一致している。

　以上を見て、非常に「素直」に実装されていることがわかったと思う。よくわからないコミットハッシュや、.git ディレクトリの中身も、上記の知識を持ってから見てみると「なるほどな」とわかった気になるものだ。

　上記のことを完全に理解する必要はない。しかし、自動車のボンネットを開けたときに、これがエンジンで、ここがバッテリーで、ということくらいはわかるであろう。同じくらいの解像度で Git が裏で何をやっているか、ぼんやりとわかればそれでよい。

付録

1 Git のインストール

Windows

Windows で Git を使うには、WSL を使う方法と、Git for Windows をインストールし、Git Bash から利用する方法がある。本書では Git for Windows を使う方法を紹介する。なお、以下のインストール手順はバージョンにより詳細が変わるので注意されたい。

1. Git for Windows のウェブサイト（`https://gitforwindows.org/`）にアクセスし、「Download」ボタンをクリックする。
2. ダウンロードした実行可能ファイル（`Git-2.4.2.0.2-64-bit.exe` のような名前）を実行する。
3. 「このアプリがデバイスに変更を加えることを許可しますか？」のダイアログが出たら「はい」をクリック。
4. ライセンス確認画面で「Next」ボタンをクリック。
5. 「Select Components」では、デフォルトのままで「Next」をクリック。
6. 「Choosing the SSH executable」は「Use bundled OpenSSH」のままで「Next」をクリック。
7. 「Configuring experimental options」はデフォルトのままで「Install」をクリック。
8. 「Completing the Git Setup Wizard」が出たら、すべてのチェックを外して「Finish」をクリック。

インストール後、Windows の検索ウィンドウに「git bash」と入力すると Git Bash が表示されるので、それをクリックすることで実行できるようになる。

Mac

Mac では Homebrew で Git をインストールする。まだ Homebrew がインストールされていない場合は、Homebrew のウェブサイト（`https://brew.sh/ja/`）にアクセスし、そこに記載されているインストールコマンドをターミナルに貼り付けて実行する。Homebrew がインストールされたら、以下を実行せよ。

```
brew update
brew install git
```

インストール完了後、

```
git --version
```

を実行し、バージョンが表示されればインストール成功である。

2　Visual Studio Code のインストール

Windows

1　Visual Studio Code のダウンロードサイト（https://code.visualstudio.com/）にアクセスし、「Download for Windows Stable Build」をクリックし、ダウンロードされたセットアッププログラムを実行。

2　「使用許諾契約書の同意」画面で「同意する」を選んで「次へ」をクリック。

3　「追加タスクの選択」では、以下にチェックを入れてから「次へ」をクリック。
   - エクスプローラーのファイルコンテキストメニューに「Code で開く」アクションを追加。
   - エクスプローラーのディレクトリコンテキストメニューに「Code で開く」アクションを追加。
   - PATH への追加（再起動後に使用可能）。

4　「インストール準備完了」画面で「インストール」をクリック。

5　インストールが終了したら「完了」をクリック。

以上で Windows において Visual Studio Code を使う準備が整った。

Mac

1　Visual Studio Code のダウンロードサイト（https://code.visualstudio.com/）にアクセスし、「Download Mac Universal Stable Build」をクリックし、ダウンロードされた zip ファイルをクリック。

2　「Visual Studio Code」が現れるので、「アプリケーション」フォルダに移動。

以上で Mac において Visual Studio Code を使う準備が整った。

3　コマンドラインの使い方

　通常、パソコンを操作する際はファイルをマウスでクリックして選択、ダブルクリックにより対応するアプリケーションで開いて修正して保存をする。また、スマホやタブレットは指でタッチしてさまざまな操作をする。この際、アイコンやボタンなど、操作対象がグラフィカルに表現されたものを、マウスやタッチで操作するインタフェースを **グラフィカルユーザインタフェース**（**Graphical User Interface, GUI**）と呼ぶ。

一方、主にキーボードからコマンドを入力してコンピュータを操作する方法もある。こちらは命令（コマンド）を 1 行（ライン）ずつ受け付け、解釈して実行することから**コマンドラインインタフェース（Command-line Interface, CLI）**　と呼ばれる。最初から GUI ツールとして作られている Word や PowerPoint などと異なり、Git はコマンドラインツールとして作られている。Git には Git Gui や、SourceTree などの GUI ツールも用意されているが、これは CLI に GUI の「皮」をかぶせたものだ。Git を「ただ使う」だけであれば GUI ツールを使えばよいが、本書の目的は Git を使うことではなく、Git というバージョン管理ツールを理解することだ。また、GUI ツールを使っていて何かトラブルが起きた場合、それがコマンドに起因するものなのか、GUI の「皮」に起因するものなのかを切り分けなければならず、そのためにはコマンドライン操作を理解していなければならない。そこで、まずはコマンドライン操作について学ぶ。

なお、コマンドライン操作において最も注目してほしいのはエラーへの対応だ。GUI ではそもそも「許されない操作」ができないように設計されていることが多いが、コマンドラインでは頻繁に「許されない操作」をしてしまい、「それはできないよ」というメッセージが表示されることだろう。これを**エラーメッセージ（error message）**と呼ぶ。エラーの多くは平易な英語で書いてあるので、ちゃんと読めば何が起きたか、そして次に何をすればよいかがわかるはずだ。

Unix コマンド

映画などでハッカーが何やら黒い画面を見ながらキーボードをものすごい勢いで叩いているのを見たことがあるだろう。この黒い画面はターミナル*1 と呼ばれ、ユーザからの指示をコンピュータに入力するためのものだ。Git はコマンドラインツールであるから、まずはコマンドラインの使い方に慣れなければならない。コマンドラインを入力するのはこのターミナルという黒い画面であるから、Git を使うためにはこの黒い画面と友達にならなければならない。ターミナルへの命令はコマンドを通じて行われるが、このコマンドはオペレーティングシステムの種類によって異なる。Git は Linux の開発のために作られた経緯があるため、Linux 上で動作することを前提に作られた。Linux は Unix を参考にして作られたため、Unix の直系の子孫ではないが、操作やコマンドが似ている。Unix の子孫や、Unix と操作が似ているシステムをまとめて Unix 系システムと呼ぶ。Unix 系システムでは、Unix コマンドと呼ばれるコマンド群を用いて操作する。以下では、Git の操作に最低限必要な Unix コマンドについて説明する。ターミナルは Windows の Git Bash を想定するが、WSL2 の Ubuntu や Mac のターミナルでも同様である。

シェル

普段あまり意識することはないが、普段使っているパソコンやスマホ、タブレットには**オペレーティングシステム（Operating System, OS）**が搭載されている。Windows や macOS、iOS や Android などが OS だ。OS はハードウェアとソフトウェアの仲立ちをするのが役目だ。例えば、ストレージがハードディスクなのか SSD かによってその制御方法は全く異なるが、OS を介すことで、

*1　より正確にいえばターミナル（端末）エミュレータのこと。もともと大きなホストコンピュータに、たくさんの端末がぶら下がっており、複数の人が 1 つのマシンに命令を入力していた。この「端末」をエミュレートしたものが端末エミュレータである。

ユーザからはどちらも同じファイルシステムに見える。すなわち、OS はストレージを抽象化している。

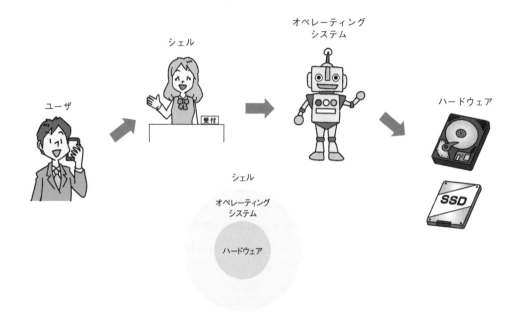

図1　シェルの役割

　さて、いまファイルを作りたいとしよう。OS がストレージを抽象化しているため、ユーザは OS に「ファイルを作ってください」と依頼する必要がある。この、ユーザと OS の仲立ちをするのが **シェル (shell)** と呼ばれるシステムだ。ユーザは、ターミナル (黒い画面) から、シェルに命令を入力する。するとシェルはそれを OS に届け、OS が実際に処理を行う、という階層構造になっている[*2]。OS はハードウェアを抽象化し、さらにその周りを殻のように覆っていることからシェルという名前が付いたようだ (図1)。

　シェルには、グラフィカルなシェルと、コマンドラインシェルがある。Windows などではグラフィカルなシェルが用意されており、マウスでファイルの移動ができる。一方、ターミナル上でコマンドを入力することで命令するのがコマンドラインシェルである。以下では、コマンドラインシェルのことを単に「シェル」と呼ぶことにする。

ディレクトリとパス

　Windows や Mac では、複数のファイルをまとめるものをフォルダと呼ぶが、Unix 系システムでは **ディレクトリ (directory)** と呼ぶ。

[*2]　より正確にいえば、シェルは OS の一部であり、ハードウェアを抽象化しているのはカーネル (kernel) と呼ばれるプログラムであるが、ここでは OS とカーネルの区別はしないことにする。

　この命令が実行されるディレクトリ、すなわち「いま自分がいるディレクトリ」を **カレントディレクトリ（current directory）**、もしくはワーキングディレクトリと呼ぶ。特に、ターミナルを開いた直後のカレントディレクトリを **ホームディレクトリ（home directory）** と呼ぶ。ディレクトリは一般にファイルと同様に名前が付いているが、特別なディレクトリが2つある。1つはピリオド1つ「.」により表されるディレクトリで、これはカレントディレクトリを表す。もう1つはピリオド2つ「..」により表されるディレクトリで、これはカレントディレクトリの親ディレクトリを表す。これらは後述する相対パスで「カレントディレクトリの真下」以外の場所を指定するのに使う。

　ディレクトリは階層構造をしているが、その一番上のディレクトリを **ルートディレクトリ（root directory）** と呼ぶ。これは、階層構造を木構造だと思ったときに、「根（root）」にあたる部分であるからで、木の根が「上」に位置しているイメージなのに注意。

　階層構造をしているディレクトリの、ファイルやディレクトリの位置を指定する文字列を **パス（path）** と呼ぶ。ルートディレクトリから目的のファイルまでの位置を完全に指定するパスを **絶対パス（absolute path）**、カレントディレクトリからの相対的な位置を示すパスを **相対パス（relative path）** と呼ぶ。

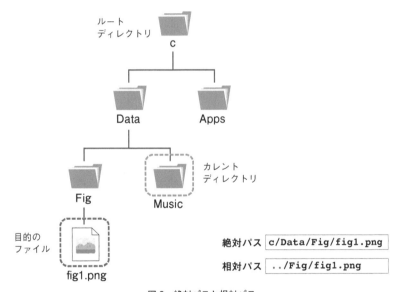

図2　絶対パスと相対パス

　例えば図2において、カレントディレクトリが c/Data/Music であるときに、c/Data/Fig/fig1.png をいまいる場所にコピーしたいとする。目的のファイルの絶対パスである c/Data/Fig/fig1.png を指定してもよいが、ディレクトリ階層が深くなると指定が面倒だ。その場合、相対パスとして ../Fig/fig1.png により指定できる。これは

- ../：カレントディレクトリの 1 つ上の
- Fig/：Fig というディレクトリ内にある
- fig1.png：fig1.png というファイルを探せ

という手順で指定していることになる。

ややこしいファイル操作をしたいとき

　これからコマンドラインでのファイル操作について説明をするが、慣れないと操作ミスによる事故が起きやすい。自信がない場合は使い慣れたグラフィカルなシェルで操作するとよいだろう。例えば Windows の Git Bash であれば、

```
explorer .
```

を実行すると、カレントディレクトリをエクスプローラーで開くことができる（1 つ空白を加えてピリオドを入力するのを忘れないこと）。
　Mac であれば

```
open .
```

によりカレントディレクトリをファインダーで開くことができる。あとはマウスでコピーや移動、削除などを実行すればよい。

コマンドプロンプト

　多くのシェルでは、ユーザからの入力を待っているときに $ が表示され、その隣でカーソルが点滅した状態となる。これをコマンドプロンプト、あるいは単にプロンプトと呼び、コマンドが入力可能であることを表している。このプロンプトにコマンドを入力し、エンターキーを押すとその命令が処理される。コマンドに何か値を渡したいことがある。例えばファイルを削除するコマンドは rm だが、どのファイルを削除するか教えてやる必要がある。このように、コマンドに渡す値を 引数（ひきすう）（argument）と呼ぶ。一方、コマンドの動作を変えるような引数を オプション（option）と呼び、- や -- で始まることが多い。

ls

　カレントディレクトリに存在するディレクトリやファイルを表示するコマンドが ls だ[*3]。

```
$ ls
dir1/   dir2/   file1.txt   file2.txt
```

[*3]　list の略だと思われる。

　上記は、$というコマンドプロンプトに、ls という文字を入力し、エンターキーを押すことで実行した結果、カレントディレクトリに dir1、dir2 というディレクトリと、file1.txt、file2.txt というファイルがあるということが表示されたことを意味する（図3）。ユーザが入力するのは ls（＋エンターキー）だけであり、$は入力しないことに注意。ディレクトリは名前の右側に / が付いていることが多いが、それはシェルの設定によるため、付いていない場合もある。

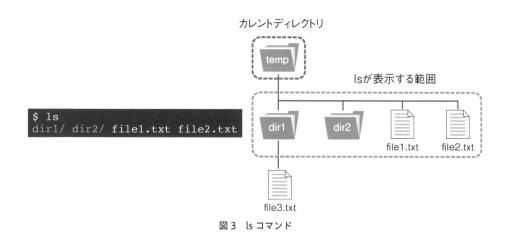

図3　ls コマンド

　ls に -1 というオプションを渡すと、結果をリスト表示する。

```
$ ls -l
total 0
drwxr-xr-x 1 watanabe 197121 0  8月 17 21:03 dir1/
drwxr-xr-x 1 watanabe 197121 0  8月 17 20:32 dir2/
-rw-r--r-- 1 watanabe 197121 0  8月 17 20:33 file1.txt
-rw-r--r-- 1 watanabe 197121 0  8月 17 20:33 file2.txt
```

　リスト表示では、ファイル名の他に、そのファイルの読み書きの許可、所有者、日付などが表示される。このように、「コマンドの直接の目的語」が引数、「コマンドの振る舞いを変える」のがオプションである。

　引数としてカレントディレクトリの下にあるディレクトリ（サブディレクトリという）を指定することで、そのディレクトリの中身を表示できる。

```
$ ls dir1
file3.txt
```

付録

　存在しないファイルやディレクトリを指定すると、そんなファイルは知らないよ、というエラーが出る。

```
$ ls non-existing-dir
ls: cannot access 'non-existing-dir': No such file or directory
```

頭に.が付いているファイルやディレクトリは隠しファイル、隠しディレクトリとなり、デフォルトでは表示されない。それを表示するには ls -a オプションを使う。

```
$ ls -a
./  ../  dir1/  dir2/  file1.txt  file2.txt
```

新たに表示された . と .. は、それぞれカレントディレクトリと親ディレクトリの別名だ。どちらもよく使うので覚えておきたい。

cd

カレントディレクトリを変更するコマンドが cd だ[*4]。cd のあとにディレクトリ名を指定すると、カレントディレクトリがそこに移動する。ダブルクリックでディレクトリを開いたときには、そのディレクトリの中身が自動的に表示された。しかし、コマンドラインインタフェースではそんな親切なことはしてくれない。カレントディレクトリをそのディレクトリに変更しておしまいである。中身を表示したければ cd したあとに ls を実行しよう。

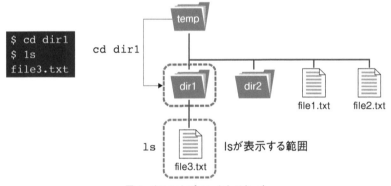

図4　カレントディレクトリと cd

例えば図4というディレクトリ構造があったとしよう。いま、カレントディレクトリが temp であったとする。その下にある dir1 というディレクトリに移動し、その中にあるファイルを表示させるには、以下のようなコマンドを入力する。

```
$ cd dir1
$ ls
file3.txt
```

＊4　change directory の略だと思われる。

ディレクトリ dir1 の下には file3.txt があったため、ls コマンドは file3.txt を表示した。存在しないディレクトリに移動しようとしたら、エラーメッセージが表示される。

```
$ cd non-exisiting-dir
bash: cd: non-exisiting-dir: No such file or directory
```

これは「non-exisiting-dir というディレクトリに cd しようとしたが、そんなファイルやディレクトリはない」というエラーだ。ファイルに対して cd しようとしてもエラーとなる。

```
$ cd file1.txt
bash: cd: file1.txt: Not a directory
```

これは「file1.txt はディレクトリではないので cd できないよ」というエラーだ。

cd コマンドを引数なしで実行すると、ホームディレクトリに戻る。重要なコマンドなので覚えておこう。

.. は親ディレクトリを表すため、cd .. を実行するとカレントディレクトリが 1 つ上に移動する。

```
$ ls
dir1/  dir2/  file1.txt  file2.txt
$ cd dir1 # dir1 に移る
$ ls
file3.txt
$ cd ..    #1 つ上に戻る
$ ls
dir1/  dir2/  file1.txt  file2.txt
```

mkdir

ディレクトリを作るには mkdir を使う[*5]。引数にディレクトリ名を指定すると、カレントディレクトリにその名前のディレクトリを作る。

```
$ ls
dir1/  dir2/  file1.txt  file2.txt

$ mkdir dir3 # dir3 を作成
$ ls
dir1/  dir2/  dir3/  file1.txt  file2.txt # dir3/ が増えた
```

mv

ファイルの移動や、ファイル名の変更には mv を使う[*6]。グラフィカルなシェルではファイルの移動はマウスでドラッグするだけだが、コマンドラインでは「移動させたいファイル」「移動先」の 2

---

*5　make directory の略であろう。
*6　move の略であろう。

つの情報が必要だ。mv コマンドは、移動先がディレクトリか、それともファイルか、移動先のファイルやディレクトリが存在するかしないかによって動作が異なるので注意したい。

● mv ファイル ディレクトリ

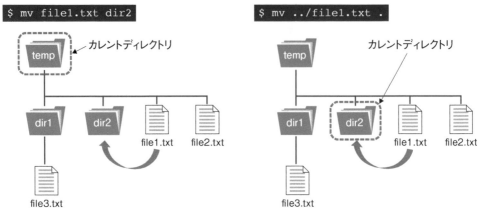

図5　ファイルの移動

　まず、一番使う頻度が高いと思われるのが、移動元がファイル、移動先がディレクトリの場合だ。ファイルがそのディレクトリに移動する。カレントディレクトリを表す . や、1つ上のディレクトリを表す .. をよく使うので覚えておきたい。

　例えば、temp 以下にある file1.txt をディレクトリ dir2 に移動したいとする（図5）。カレントディレクトリが temp である場合

```
mv file1.txt dir2
```

とすれば file1.txt が dir2 へ移動する。

　一方、カレントディレクトリから見て上にあるファイルを自分のところに持ってきたいことがよくある。例えばカレントディレクトリが temp/dir2 であるときに、temp/file1.txt が欲しい場合だ。この場合は以下のようなコマンドを実行すればよい。

```
mv ../file1.txt .
```

　ここではすべて相対パスで指定していることに注意。絶対パスによるファイルの操作の頻度は多くなく、カレントディレクトリからの相対パスで指定することがほとんどであろう。

● mv　ファイル　ファイル

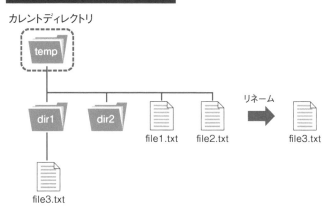

図6　ファイルのリネーム

　引数がどちらもファイル名、より正確には「移動先」として指定した名前のファイルやディレクトリが存在しない場合、「移動元」のファイル名をその「移動先」のファイル名にリネームする。

　例えば、カレントディレクトリが temp で、temp/file2.txt の名前を temp/file3.txt に変更したい場合は以下のようなコマンドを入力する（図6）。

```
mv file2.txt file3.txt
```

● mv　ディレクトリ　ディレクトリ（移動先がある場合）

　移動元がディレクトリであり、移動先がディレクトリである場合、移動元のディレクトリを移動先のディレクトリの下に移動する。

　例えば、カレントディレクトリにある dir1 を、同じくカレントディレクトリの dir2 に移動する場合は以下のようなコマンドとなる。

```
mv dir1 dir2
```

　カレントディレクトリから見て、1つ上のディレクトリにある dir1 を、カレントディレクトリに移動する場合は以下のようなコマンドとなる。

```
mv ../dir1 .
```

　さらに、カレントディレクトリにある dir1 を、1つ上のディレクトリに移動する場合は以下のようにする。

```
mv dir1 ..
```

● mv ディレクトリ　ディレクトリ（移動先がない場合）

　移動元がディレクトリであり、移動先に存在しない名前を指定した場合、ディレクトリをその場所に移動したうえで、その名前にリネームする。なお、移動元のディレクトリの下にファイルやディレクトリがあった場合は、まとめて移動する。

　例えばカレントディレクトリに dir1 があり、dir2 が存在しないときに

```
mv dir1 dir2
```

を実行すると、dir1 を dir2 にリネームする。

　dir2 は存在するが dir2/dir3 は存在しないときに

```
mv dir1 dir2/dir3
```

を実行すると、dir1 を dir2 の下に移動したうえで dir3 にリネームする。

　以上、まとめると mv は移動先が存在するディレクトリであればそこに移動、移動先が存在しないファイルやディレクトリであれば、移動元のファイルやディレクトリを移動したうえでリネームする。

▌ cp

　mv ではファイルを移動したが、元のファイルを残したまま複製したい場合は cp を使う。移動元のファイルが消えない以外はほとんど mv と同じだ。

```
cp test1.txt test2.txt
```

を実行すると、test1.txt を test2.txt という名前で複製する。

```
cp test1.txt dir
```

を実行すると、test1.txt を dir1/test1.txt という名前で複製する。

　cp コマンドでディレクトリをコピーする場合は -r オプションが必要だ。

　例えば

```
cp dir1 dir2
```

を実行した場合、コピー元（dir1）がディレクトリである場合はエラーとなる。

　ディレクトリ dir1 を別のディレクトリにコピーする場合は -r を付けて実行する。

```
cp -r dir1 dir2
```

　これにより、dir2 が存在しない場合はその場所にコピー、存在する場合は dir1 を dir2 の下にコピーする。

rm, rmdir

　ファイルを削除するには rm を使う。なお、中身が空ではないディレクトリを削除する場合は rm -r dir と -r オプションを付ける必要があるが、再帰的にすべてのファイル、サブディレクトリが削除されてしまうので、慣れないうちは実行しないほうがよい。また、空のディレクトリを削除するために rmdir というコマンドがあるが、普段使うことは少ないので「mkdir の対になるコマンドが rmdir」とだけ覚えておけばよいだろう。

cat

　ファイルの中身を表示するには cat を使う。これは concatenate（連結する）の略で、複数のファイルを指定することで結合ができるが、ここではファイル内容の表示にしか使わない。

```
cat filename
```

で filename で指定されたファイルの中身をターミナルに表示する。

4　Vim の使い方

　Git を使っていると、コミットやマージのメッセージ入力や、rebase の処理などで、コマンドライン上でエディタを使う必要が出てくる場合がある。多くの環境で Git のデフォルトエディタは Vim だ。Vim は非常に強力なエディタであり、愛好者も多い（筆者もその一人である）のだが、普段使うエディタと使い勝手が異なるので戸惑うことも多いだろう。

　ここでは、Vim の最低限の使い方だけ説明をする。

　まずはコマンドラインで vim を実行する。

```
vim
```

すると、図 7 のような画面が出てくる。

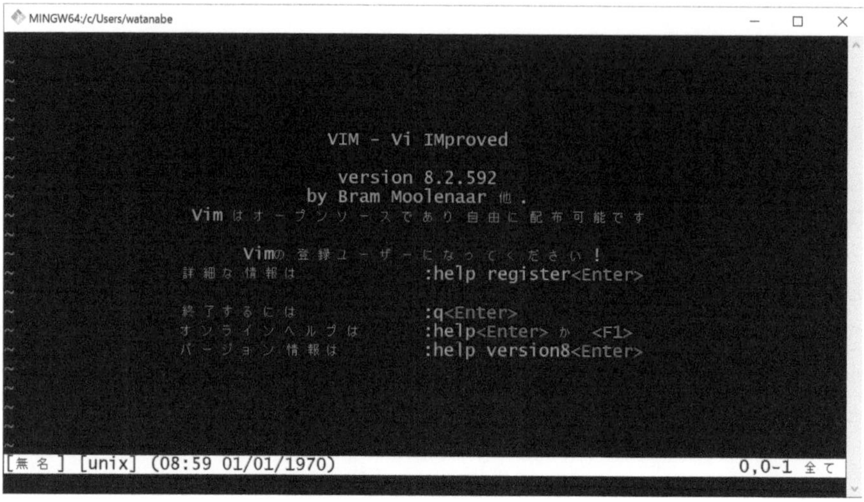

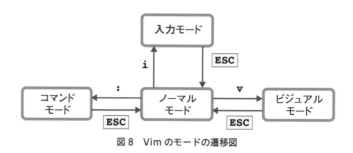

図7　Vim の起動画面

　Vim はよく使われる他のエディタとは異なり、「モード」がある。起動直後は **ノーマルモード（normal mode）** となっている。ノーマルモードでは、Vim の終了や、カーソルの移動、行の削除や貼り付けなどの操作ができる。

　ここで、キーボードの i を押すと、**入力モード（insert mode）** になる。すると、画面の一番下に「--挿入 --」と表示される。なお、ターミナルの言語が英語だと -- INSERT -- と表示されるなど、メッセージが英語になるが、ここでは日本語を前提に説明をする。この状態でキーを入力すると、入力したキーがそのまま挿入される。カーソルキー、エンターキーによる改行、バックスペースキーやデリートキーによる削除も可能なので、この状態で文章を編集する。

　ファイルを保存したり、エディタを終了したりするためには「入力モード」から「ノーマルモード」に戻らなくてはならない。ノーマルモードに戻るにはエスケープキーを押す。すると画面下の「-- 挿入 --」が消える。このように、Vim にはいくつかのモードがあり、モードを行き来しながらテキストを編集する。

図8　Vim のモードの遷移図

Vim のモードの遷移図を図 8 に示す。中心にあるのがノーマルモードであり、そこからコマンドモードや入力モード、ビジュアルモードに遷移する。いずれのモードであっても、とりあえずエスケープキーを押せばノーマルモードに戻るので、「困ったらエスケープキー」と覚えておくとよい。

Vim を終了するには 2 つの方法がある。1 つは「ノーマルモード」で ZZ（シフトを押しながら z を 2 回入力）する方法だ。これは「保存して終了」という動作をする。しかし、何か編集をしており、ファイル名が未指定の場合には「E32: ファイル名がありません」と言われて終了ができない（図 9）。

図 9　ファイル名が未指定の場合には終了できない

ファイル名を指定するには、**コマンドモード（command mode）** に入る必要がある。コマンドモードに入るためには、:（コロン）を入力する。すると、画面下に : が現れ、そこにカーソルが移る（図 10）。

図 10　Vim のコマンドモード

ここで w のあとに空白をあけてファイル名を指定し、エンターキーを押すと、現在編集中の内容をそのファイル名で名前を付けて保存できる。

```
:w test.txt
```

上記を実行すると、「無名」とあったところにファイル名が表示される（図 11）。

図 11　Vim のファイル名表示

この状態になったら、ZZ の入力で終了できる。

また、コマンドモードで、q! と入力すると、現在編集中の内容を破棄してそのまま終了できる。

Git から Vim が呼び出される場合は必ず名前があるファイルを渡されるはずなので、必要な操作は以下のような流れとなる。

- i を押して入力モードにする
- 内容を編集する

- エスケープキーを押してノーマルモードに戻る
- zz でエディタを抜ける

　また、Vim にはもう 1 つ**ビジュアルモード**（**visual mode**）というモードがあり、こちらも使えると便利なのだが、本書では触れない。

参考文献

公式ドキュメント

- **Pro Git book**

  https://git-scm.com/book/ja/v2

  ソフトウェアやツールは公式ドキュメントにあたるのが何より大事である。広く使われているツールの公式ドキュメントはよくできていることが多く、Git も例外ではない。まずは公式ドキュメントを読もう。

- **GitHub Getting started**

  https://docs.github.com/en/github/getting-started-with-github

  GitHub の公式ドキュメント。これもわかりやすいのでおすすめ。

参考にしたスライドやサイト

本書を執筆するにあたり、以下のサイトを参考にさせていただいた。

- **サル先生の Git 入門**

  https://backlog.com/ja/git-tutorial/

- **いつやるの？ Git 入門**

  https://www.slideshare.net/matsukaz/git-28304397

- **こわくない Git**

  https://www.slideshare.net/kotas/git-15276118

- **Git で「追跡ブランチ」って言うのやめましょう**

  https://qiita.com/uasi/items/69368c17c79e99aaddbf

- **東京工業大学システム開発プロジェクト**

  https://www.youtube.com/channel/UCJx-rgFp80y-x7_JeBJ35yA

  上記サイトの動画のうち、特に「システム開発プロジェクト応用第一第 5,6 回 Git によるバージョン管理」および「システム開発プロジェクト応用第一第 8,9 回 GitHub & Pull Request」を参考にさせていただいた。

付録

索引

著者紹介

渡辺宙志 博士（工学）
（わたなべひろし）

慶應義塾大学理工学部物理情報工学科准教授。2004 年に東京大学
大学院工学系研究科物理工学専攻博士課程を修了。その後、名古屋
大学大学院情報科学研究科助手に就任。同大学助教を務めたのち、
2008 年に東京大学情報基盤センター スーパーコンピューティング
部門特任講師。2010 年に東京大学物性研究所附属物質設計評価施設
助教を経て、2019 年より現職。

NDC007　　　　205p　　　24cm

ゼロから学ぶ Git/GitHub
（まな）（ギット）（ギットハブ）
現代的なソフトウェア開発のために
（げんだいてき）（かいはつ）

2024 年 4 月 9 日　第 1 刷発行

著　者　　渡辺宙志
　　　　　（わたなべひろし）
発行者　　森田浩章

KODANSHA

発行所　　株式会社　講談社
　　　　　〒112-8001　東京都文京区音羽 2-12-21
　　　　　　　販　売　(03) 5395-4415
　　　　　　　業　務　(03) 5395-3615
編　集　　株式会社　講談社サイエンティフィク
　　　　　代表　堀越俊一
　　　　　〒162-0825　東京都新宿区神楽坂 2-14　ノービィビル
　　　　　　　編　集　(03) 3235-3701
本文データ制作　　株式会社　トップスタジオ
印刷・製本　　株式会社　ＫＰＳプロダクツ

講談社の自然科学書

※表示価格には消費税（10%）が加算されています。　　　　　「2024年4月現在」

講談社サイエンティフィク　https://www.kspub.co.jp/